適用Visual Studio 2022

ASP.NET Core

打造 | 軟體積木
造 | 和應用系統

序

資訊應用系統可大可小，大的應用系統包山包海，複雜度與困難度也高；而規模小的應用系統，仍然是麻雀雖小、五臟俱全，該有的功能都要有。常見的功能和要求，例如：系統穩定性、報表、界面美觀、權限控制、多國語、資安、系統文件、簽核流程……等，這樣的完整性不管對於個人或是團隊都會是不小的挑戰；除此之外，在開發系統的過程中，有時候會遇到一些困難，像是：標準化、人員溝通、人員異動、技術門檻、文件不足、規格變動……等，這些問題可能造成的結果是：進度落後、成本增加、系統不穩定、維護困難……等。

ASP.NET Core 是微軟最新的 Web 開發平台，正式發佈以來有很好的功能和穩定性，基於舊的平台可能逐漸退出市場，以及軟體程式重複使用的特性，我們根據以往的開發經驗，選擇 ASP.NET Core 加上 jQuery、Bootstrap，實作了 20 個功能常見的軟體積木以及相關的內容，希望解決上面提到的問題，同時達到降低技術門檻與開發成本，提升系統穩定性的目的。

在本書 20 個章節中，第 1 章的資料庫文件系統是一個輔助工具；第 4 章的人事管理系統用來當做範例解說；其餘每一章主要介紹一個獨立的功能，即是我們所謂的軟體積木，透過組合這些積木可以建立一個軟體系統。「站在巨人的肩膀上」是牛頓的名言，本書希望能藉由軟體積木，加速讀者建置資訊應用系統。

如果你是程式新手，可以先了解這些軟體積木的應用，按照上面的步驟可以快速實作所需要的功能；如果你已經有豐富的開發經驗，而且也有興趣，則可以看看裡面的核心程式，對於開發大型專案會有一些幫助；關於本書的任何想法可以到臉書社團「ASP.NET Core 軟體積木」來交流，書中所有的程式碼都可以從 GitHub 下載，我們也會持續更新並且上傳。

最後，謝謝碁峰資訊的協助，讓這本書可以順利出版，更感謝你的支持購買，讓我們有機會分享這些技術，書中有不清楚的地方，歡迎寫信到底下的信箱，我們會盡可能一一回覆。

陳明山、江通儒

bruce68tw@gmail.com

線 上 下 載

本書程式碼請至 https://github.com/bruce68tw 下載，其內容僅供合法持有本書的讀者使用，未經授權不得抄襲、轉載或任意散佈。

目錄

01 資料庫文件系統

02 CRUD 列表畫面

03 CRUD 編輯畫面

chapter 1

資料庫文件系統

所謂資料庫文件指的就是資料表的欄位說明，它是系統開發最基本的文件，多數軟體系統的功能是存取資料庫，一份正確的資料庫文件可以讓系統開發的工作更加順利，它的結構簡單，如圖 1-1：

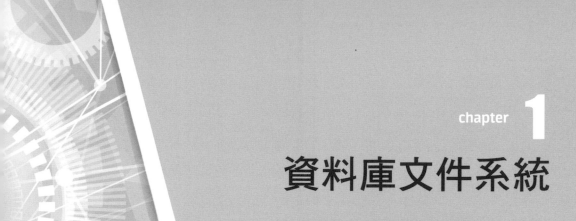

資料庫文件   管理系統

Table: Column(欄位檔)

序	欄位名稱	中文名稱	資料型態	Null	預設值	說明
1	Id	Id	varchar(10)			PKey
2	TableId	資料表 Id	varchar(10)			
3	Code	欄位代碼	varchar(30)			
4	Name	欄位名稱	nvarchar(30)			
5	DataType	資料型態	varchar(20)			
6	Nullable	可空值	bit			

圖 1-1　資料庫文件格式

許多人可能會使用 Word、Excel 來記錄這一類的內容，但隨著時間推進和系統的複雜度提高，它會越來越不容易維護。除此之外，這些欄位資料是一種有用的資源，可以拿來製作一些方便的工具，幫助系統開發。基於這些原因，我們開發了一套資料庫文件系統（以下稱 DbAdm），使用的開發工具為 ASP.NET Core 6、Bootstrap 4、jQuery 3.4，及 Visual Studio 2022 Community。

DbAdm 在功能上屬於工具的一種，用來協助其他系統的開發工作，所以必須考慮不同語系的使用者，因此我們加入多國語的功能，包含的三種語系分別為：正體中文、簡體中文，以及英文。使用時可以在組態檔案 appsettings.json 設定所要使用的語系。在用途上，DbAdm 包含以下的功能：

- 維護資料庫文件相關的資料表。

- 從現有的 MSSQL 資料庫匯入欄位資訊。

- 產生資料庫文件 Word 檔案。

- 產生 CRUD 原始碼：所謂 CRUD 指的是新增、查詢、修改、刪除，它代表對資料庫的存取動作，是最常見的系統功能，我們將在「第 5 章　CRUD 產生器」介紹這個功能。

- 產生資料庫異動記錄：自動產生 Trigger 檔案來追蹤資料庫異動，這個功能我們在「第 17 章　資料異動記錄」介紹。

以上這些用途都會實作在 DbAdm 系統裡面，當你進入這個系統，左邊會顯示系統功能表，目前有四個項目，如圖 1-2：

圖 1-2　DbAdm 功能表

1-1　安裝

執行 DbAdm 之前，必須先進行安裝，在這裡我們使用安裝原始碼的方式，在 Visual Studio 的環境下執行，它有以下兩個步驟：

一、下載

DbAdm 包含以下兩個下載檔案，它們位於 Github 網站，任何人都可以自由下載：

- Base：裡面包含 Base、BaseWeb 兩個專案，下載的網址為 https://github.com/bruce68tw/Base。

- DbAdm：內容為 DbAdm 專案，下載的網址為 https://github.com/bruce68tw/DbAdm。

在你的本機建立一個目錄後（例如 d:\project），把 GitHub 下載的兩個壓縮檔放到此目錄，解壓縮兩個檔案後，移除目錄名稱後面的 master 文字，看到的結果如圖 1-3：

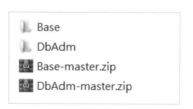

圖 1-3　DbAdm 專案目錄壓縮檔案

二、建立資料庫

進入 SQL Server Management Studio（SSMS），建立一個空白的資料庫，名稱為 Db，同時把它切換為目前的工作資料庫，在這裡我們使用的資料庫引擎為 MS SQL LocalDB 2016，你也可以使用 MS SQL Server 或是 MS

SQL Express。在 SSMS 下執行 DbAdm/_data/createDb.sql，這個檔案會建立 DbAdm 系統所有的資料表，並且產生資料內容，它包含九個資料表，如圖 1-4：

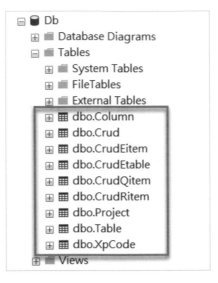

圖 1-4　Db 資料庫的資料表清單

完整的欄位內容可以參考 DbAdm/_data/Tables.docx 檔案，它同時也是利用這個系統所產生出來的，資料表內容說明如下：

- Column：欄位資料。

- Crud：CRUD 設定。

- CrudEitem：CRUD 維護資料表的欄位。

- CrudEtable：CRUD 維護資料表。

- CrudQitem：CRUD 查詢條件欄位。

- CrudRitem：CRUD 查詢結果欄位。

- Project：專案資料。

- Table：資料表。

■ XpCode：雜項檔，這個資料表用來儲存 Key-Value 的對應資料，在性質上屬於系統用途，所以我們在前面加上 Xp，用來跟其他性質的資料表做區隔，依照字母排序時，這一類的資料表會顯示在最後面。

完成以上兩個步驟後，安裝的動作就結束了，進入 Visual Studio 開啟 DbAdm/DbAdm.sln 方案，你會看到四個專案（Project），如圖 1-5：

圖 1-5　DbAdm 方案的專案清單

這些專案的內容為：

■ Base：底層的公用程式，任何專案都必須加入參照。

■ BaseApi：Web API 專案的公用程式。

■ BaseWeb：與 Web MVC 有關的公用程式，Web 專案必須加入參照。

■ DbAdm：本系統的主程式。

重新編譯整個方案後，啟動 DbAdm 專案，系統預設會開啟「專案維護」作業表示安裝正常，目前我們建立了兩筆專案資料，如圖 1-6：

專案維護

新增 ✚				
專案	資料庫	功能	維護	資料狀態
DbAdm	Db	匯入結構｜產生文件｜產生異動Sql	✎ ✘	正常
HrAdm	Hr	匯入結構｜產生文件｜產生異動Sql	✎ ✘	正常

每頁顯示　10 ▾　筆, 第 1 至 2 筆, 總共 2 筆　　　　|< 　< 　1 　> 　>|

圖 1-6　DbAdm 專案維護作業的列表畫面

1-2　組態設定

DbAdm/appsettings.json 裡的 FunConfig 區段記錄系統執行時所需要的組態內容，如圖 1-7：

```
"FunConfig": {
  "Db": "Data Source=(localdb)\\mssqllocaldb;Initial Catalog=Db;Integrated
  "Locale": "zh-TW",
  "LogSql": "true",
  "LogDebug": "true",
  /* Smtp: 0(Host),1(Port),2(Ssl),3(Id),4(Pwd),5(FromEmail),6(FromName) */
  "Smtp": ""
}
```

圖 1-7　DbAdm appsettings.json 的 FunConfig 內容

它包含以下的欄位：

- Db：資料庫連線字串，你必須根據實際的狀況設定正確的內容，常用的屬性有 Data Source（Server）、Initial Catalog（Database）、User ID（Uid）、Password（Pwd）、Integrated Security（Trusted_ Connection），括號內是另一組屬性名稱，兩組名稱可以互換。我們用這個字串內容來處理 ADO.NET 和 Entity Framework 的資料庫連線，其中的 MultipleActiveResultSets＝True 是為了在一次連線中多次存取資料而設定。

- Locale：指定的多國語語系，目前允許的輸入值分別為：zh-TW（正體中文）、zh-CN（簡體中文）、en-US（英文），設定這個欄位，執行時系統即會呈現不同的語系。

- LogSql：是否記錄 SQL 的內容到 Log 檔案，預設 false，所有 Log 檔案會存放在 _log 目錄底下，這一類的檔案名稱字尾為 sql。

- LogDebug：是否記錄除錯資訊到 Log 檔案，預設 false，檔案名稱字尾為 debug。

- Smtp：寄送 email 的組態設定，字串內容包含六個欄位，中間以逗號分隔，因為這個系統無此功能，所以為空白。在「第 15 章　簡單報表」我們使用了 SMTP 功能。

1-3　Startup.cs 說明

啟動 DbAdm 時會執行 Startup.cs 的 ConfigureServices 函數（或稱類別方法），它會設定系統許多底層程式所需要的功能，程式內容如下：

```
//1.config MVC
services.AddControllersWithViews()
    //view Localization
    .AddViewLocalization(LanguageViewLocationExpanderFormat.Suffix)
    //use pascal for newtonSoft json
    .AddNewtonsoftJson(options => { options.UseMemberCasing(); })
    //use pascal for MVC json
    .AddJsonOptions(options => { options.JsonSerializerOptions.
PropertyNamingPolicy = null; });

//2.set Resources path
services.AddLocalization(options => options.ResourcesPath = "Resources");

//3.http context
services.AddSingleton<IHttpContextAccessor, HttpContextAccessor>();

//4.user info for base component
services.AddSingleton<IBaseUserService, BaseUserService>();

//5.ado.net for mssql
services.AddTransient<DbConnection, SqlConnection>();
services.AddTransient<DbCommand, SqlCommand>();

//6.appSettings "FunConfig" section -> _Fun.Config
var config = new ConfigDto();
Configuration.GetSection("FunConfig").Bind(config);
_Fun.Config = config;
```

程式解說

(1) 設定 MVC 的執行環境，這裡包含三個屬性：第一是啟用 View 檔案的多國語功能，第二是解決 Newtonsoft Json 大小寫問題，在這裡我們使用 Newtonsoft 來處理 Json 資料，當 ASP.NET Core 回傳 Json 資料到前端網頁時，系統會自動轉換成小 Camel 格式，這會造成許多不便和錯誤，加上 UseMemberCasing 這個選項可以讓資料維持原本的大小寫格式。第三是解決 MVC Json 大小寫問題，從 Controller 傳回 JsonResult 資料時會有類似的大小寫問題，必須加上這個選項。

(2) 設定多國語檔案的所在目錄為 Resources。

(3) 註冊 HttpContext：在系統內的許多地方我們需要存取 Request、Response、Cookie、Session 這些物件，它們必須透過 HttpContent 來存取，所以我們先註冊 HttpContext，然後在 BaseWeb/Services/_Http.cs 公用程式中可以很方便存取這些物件。

(4) 設定讀取登入者基本資料的服務程式為 BaseUserService 類別，系統許多核心程式會需要讀取這個基本資料。

(5) 我們使用 ADO.NET 來處理 CRUD 功能中對資料庫的存取，這兩行程式用來註冊 SqlConnect、SqlCommand 類別，它同時表示我們所要存取的是 MSSQL 資料庫。

(6) 讀取組態檔資料：把系統組態 appsettings.json 檔案中 FunConfig 區段的欄位資料儲存到 _Fun.Config 變數裡，方便系統在任何地方讀取這些組態內容。

同時在 Configure 函數中我們也做了一些調整，內容如下：

```
//1.initial & set locale
_Fun.Init(env.IsDevelopment(), app.ApplicationServices, DbTypeEnum.MSSql);

//2.set locale
_Locale.SetCultureAsync(_Fun.Config.Locale);
```

```
//3.exception handle
if (env.IsDevelopment())
{
    app.UseDeveloperExceptionPage();
}
else
{
    app.UseExceptionHandler("/Home/Error");
    ...
}
```

程式解說

(1) 呼叫 _Fun 的 Init 函數進行系統的初始化，_Fun 是最底層的公用類別，所有可執行的專案在啟動時都必須執行。

(2) 設定系統預設的語系。

(3) 使用系統預設的例外處理機制，在開發模式下會顯示詳細的錯誤內容；在正式模式下則會導到 Error.cshtml 頁面，參考「第 19 章 Log 與例外處理」。

1-4 專案目錄說明

以下是 DbAdm 專案目錄清單，其中底線開頭的目錄名稱代表作為特殊用途：

- _data：包含許多工作檔案，其中 createDb.sql 用來建立本系統的資料表以及產生資料內容；Tables.docx 是利用本系統所產生的資料庫文件。

- _log：系統運行所產生 Log 檔案，參考「第 19 章 Log 與例外處理」。

- _template：各種功能所需要的範本檔案。

- Controllers：Controller 類別檔案。

- Enums：系統所需要的 Enum（列舉）類別，如果檔名結尾是 Enum，表示是數字型態，如果是 Estr，則表示為字串型態，例如：InputTypeEstr.cs。

- Models：系統所需要 Model 類別，檔名後面若為 Dto，表示 Data Transfer Object，Vo 表示 View Object。

- Resources：多國語資料檔案，這裡用於 View 頁面。

- Services：服務類別。

- Views：網頁檔案。

- wwwroot：Web 目錄，Visual Studio 自動產生。

- Tables：使用 Database First 所產生出來的 Entity Model，方法是在 Nuget Console 下執行 Scaffold-DbContext 指令，如以下內容：

```
Scaffold-DbContext "Name=FunConfig:Db" Microsoft.EntityFrameworkCore.SqlServer
-Project DbAdm -context MyContext -OutputDir Tables -Force -NoPluralize
```

執行成功後，會在 Tables 目錄下產生 MyContext.cs 檔案以及多個 Entity Model 類別。要注意的是，每次重新產生後都必須修改 MyContext.cs 的內容，如圖 1-8，Scaffold-DbContext 的參數內容可以參考「6-1 節 ASP.NET Core」中的 Entity Framework 段落。

```
protected override void OnConfiguring(DbContextOptionsBuilder optionsBuilder)
{
    if (!optionsBuilder.IsConfigured)
    {
        optionsBuilder.UseSqlServer(_Fun.Config.Db);
    }
}
```

圖 1-8　DbAdm MyContext.cs 手動修改內容

1-5 功能清單

啟動 DbAdm 系統後，主畫面左側會顯示功能清單，每一個功能主要包含兩個畫面，第一個是列表畫面，以分頁的方式面顯示多筆資料的查詢結果；第二個是編輯畫面，用來新增、修改或是檢視資料內容。多數的資料列表其畫面結構和操作十分類似，我們將在「第 2 章　CRUD 列表畫面」介紹它的內容和實作方法；以下是 DbAdm 的功能說明。

一、專案維護

如圖 1-9，每筆資料後面有三個連結，同時也是這個作業的主要功能：

圖 1-9　專案維護作業

連結功能說明如下：

- 匯入結構：把來源資料庫的欄位資訊匯入本系統，如果某個欄位資料已經存在，則系統會做更新處理。
- 產生文件：產生並且下載資料庫文件 Word 檔案。
- 產生異動 SQL：產生並且下載資料庫異動紀錄所需要的 Trigger 檔案，這部分更多的內容請參考「第 17 章 資料異動記錄」。

除了上述的功能，這個作業用來維護 Project 資料表，它的編輯畫面如圖
1-10：

專案維護-修改

*專案代碼	HrAdm
*資料庫	Hr
資料狀態	✓ 啟用
*專案路徑	D:_project2\HrAdm
*DB連線字串	data source=(localdb)\mssqllocaldb;initial catalog=Hr;integrated sec

儲存🖫 回上一頁↥

圖 1-10 專案維護作業的編輯畫面

欄位說明：

- 專案代碼：專案唯一代碼，不可重複，它同時也是產生 CRUD 檔案時
  類別的命名空間 （Namespace）。

- 資料庫：資料庫的實際名稱。

- 資料狀態：資料狀態是否為啟用。

- 專案路徑：產生的 CRUD 檔案所存放的目錄。

- DB 連線字串：資料庫連線字串。

二、資料表維護

如圖 1-11，其中的「新增」和「匯出」按鈕是 CRUD 的基本功能；「產生
文件」可以讓你針對選取的多筆資料表產生 Word 文件，文件格式與「專
案維護」作業相同。

圖 1-11　資料表維護作業

另外，這個作業用來維護 Table 和 Column 兩個資料表，如圖 1-12，其中畫面上方是單筆的 Table，畫面下方是多筆 Column，兩個資料表之間存在一對多的關聯：

資料表維護-修改

*專案	DbAdm
*資料表	CrudQitem
*資料表名稱	CRUD query
異動記錄	□ 是
資料狀態	✔ 啟用

新增一列 ＋

*欄位	*欄位名稱	*資料型態	可空值	預設值	排序	說明	維護	資料狀態
Id	Id	varchar(1(	□		1	PKey	✕	✓
CrudId	Crud Id	varchar(1(	□		2		✕	✓
ColumnId	Column Ic	varchar(1(	□		3		✕	✓

圖 1-12　資料表維護功能編輯畫面

畫面上方的欄位說明：

- 專案：所屬專案。

- 資料表：資料庫裡面的資料表名稱。

- 資料表名稱：資料表顯示名稱。

- 異動記錄：是否產生異動記錄 Trigger 檔案，在「專案維護」執行「產生異動 SQL」時，系統只會讀取這個欄位有勾選的資料表。

- 資料狀態：如果狀態不為啟用，則任何輸出將不會包含此筆資料。

畫面下方的欄位說明：

- 欄位：資料庫裡面的欄位名稱。

- 欄位名稱：欄位顯示名稱，產生 CRUD 檔案時，系統會使用這個資料做為欄位的標題（Label），所以在設定內容時，必須要多考慮畫面上呈現出來的意義。

- 資料型態：匯入時產生。

- 可空值：匯入時產生。

- 預設值：匯入時產生。

- 排序：匯入時產生，產生資料庫文件時，欄位會用這個資料來排序。

- 說明：欄位說明。

- 資料狀態：如果狀態不為啟用，則任何輸出將不會包含此筆資料。

三、欄位維護

這個功能相對簡單，用來維護 Column 單一資料表，如圖 1-13：

欄位維護-修改

專案代碼	DbAdm
資料表	Column
欄位	Id
*欄位名稱	Id
資料型態	varchar(10)
資料狀態	✓ 啟用
說明	PKey

儲存🖫　回上一頁⬆

圖 1-13　欄位維護作業的編輯畫面

除了以上三個作業的功能，如果你還想為現有的 MS SQL 資料庫產生文件，可以遵循以下步驟：

1 在「專案維護」作業新增一筆資料，同時輸入正確的欄位資料，然後進入列表畫面執行「匯入結構」功能，系統會把資料寫入 Table 和 Column 這兩個資料表。

2 分別進入「資料表維護」和「欄位維護」作業，填寫必要的欄位。

3 回到「專案維護」作業，執行「產生文件」功能，系統即會產生並且下載這個 Word 檔案。

四、CRUD 維護

如圖 1-14，這個作業的主要目的是自動產生 CRUD 原始碼，減少程式員 Coding 的成本，點擊畫面上的「產生 CRUD」按鈕，系統即會為所選取的多筆資料產生對應的 CRUD 檔案，每個 CRUD 功能會產生六個 MVC 檔案，我們將在「第 5 章 CRUD 產生器」介紹這個功能；除此之外，這個作業會維護五個 CRUD 相關的資料表。

圖 1-14 CRUD 維護作業

1-6 程式解說

針對 DbAdm 系統中比較複雜的功能，在此解釋它的程式邏輯，為避免說明過於瑣碎，我們在程式碼前後加入 #region，以區塊的方式講解它們的內容：

一、匯入資料庫結構

使用者在「專案維護」作業執行「匯入結構」功能時，系統最後會呼叫 DbAdm/Services/ImportDbService.cs 的 Run 函數，它是這個功能的主要程式，用途是把來源資料庫的欄位資訊寫入 Table 和 Column 資料表，程式結構如圖 1-15：

```
1 reference
public async Task<ResultDto> RunAsync(string projectId)
{
    var result = new ResultDto();

    1.get dbo.Project row

    2.create temp table: #tmpTable, #tmpColumn

    3.write #tmpTable(from Information_Schema.Tables)

    4.write #tmpColumn(from Information_Schema.Columns)

    5.insert/update dbo.Table from #tmpTable

    6.insert/update dbo.Column from #tmpColumn

lab_exit:
    if (dbSrc != null)
        await dbSrc.DisposeAsync();

    await db.DisposeAsync();
    return result;
}
```

圖 1-15 匯入資料庫結構功能的程式結構

程式解說

(1) 函數為非同步，利用傳入專案 Id 讀取對應的 Project 資料表。

(2) 建立暫存資料表：每次程式啟動時我們會建立兩個暫存資料表 #tmpTable、#tmpColumn，用來儲存從系統資料庫讀取出來的資料表和欄位資訊，在程式執行完畢時，這些暫存資料表會自動刪除。

(3) 寫入資料表 #tmpTable：系統所有的資料表以及欄位可以透過 Information.Tables 和 Information.Columns 這兩個系統檢視表來讀取，同時傳入 Project.Id。

(4) 寫入資料表 #tmpColumn。

(5) 從 #tmpTable 寫入 Table 資料表，如果這是一個新的資料表，則系統會寫入一筆記錄，如果這個資料表已經不存在資料庫了，那麼系統會設定這一筆 Table.Status = 0，表示此筆資料已經停用。

(6) 從 #tmpColumn 寫入 Column 資料表。

二、產生資料庫文件

使用者執行「專案維護」或「資料表維護」的「產生文件」功能時，系統執行的主要程式為 DbAdm/Services/GenDocuService.cs 的 Run 函數，傳入 Project.Id 或是多個 Table.Id，表示資料來源是某個專案或是多個資料表，程式結構如圖 1-16：

```
public async Task<bool> RunAsync(string projectId, string[] tableIds = null)
{
    1.check input & template file

    2.read column rows & group by

    3.get memory stream for download file

    //binding stream && docx
    using (var docx = WordprocessingDocument.Open(ms, true))
    {
        4.get body/row template string

        //table list loop
        var bodyLeft = bodyTpl.TplStr.Substring(0, rowTpl.StartPos);
        var bodyRight = bodyTpl.TplStr.Substring(rowTpl.EndPos);
        var fileStr = "";   //file string to echo
        for (var i = 0; i < tableLen; i++)
        {
            5.get table string

            6.add page break if need
        }

        7.get file string

        remark testing code
    }

    //8.download file
    await _Web.ExportByStream(ms, "Tables.docx");
    return true;

lab_error:
    await _Log.ErrorAsync("GenDocuService.cs RunAsync() failed: " + error);
    return false;
}
```

圖 1-16 產生資料庫文件功能的程式結構

程式解說

(1) 檢查傳入參數和範本檔案是否存在。

(2) 利用傳入參數來讀取 Column 資料表並且分群排序。

(3) 使用 Memory Steam 作為下載檔案的資料來源,這個功能將不會在主機產生任何實體檔案。

(4) 讀取範本檔的內容。

(5) 從範本檔和 Column 資料表產生單一資料表文件的字串內容。

(6) 在每個資料表文件後面加上分頁符號。

(7) 產生完整的文件檔案字串。

(8) 下載文件檔案。

chapter 2

CRUD 列表畫面

CRUD 指的是新增、查詢、修改、刪除四個功能,泛指對資料庫的基本操作,根據實際的狀況,我們會再加入檢視、匯出、列印。在實作上,它包含兩個操作畫面,一個是列表畫面,用來輸入查詢條件和顯示查詢結果;另一個是編輯畫面,用來新增、修改或是檢視資料。本章要介紹 CRUD 列表畫面的內容和實作方式,它在運行時,前後端程式的邏輯為:

1. 收集使用者輸入的查詢條件。

2. 傳送到後端程式,轉換成 SQL 字串查詢資料庫。

3. 將查詢結果傳送到前端程式,並且透過 jQuery Datatables 元件來顯示資料。

2-1　jQuery Datatables

jQuery Datatables 是一套成熟穩定的 JavaScript 套件,用途是使用分頁的方式來顯示多筆資料,同時支援多國語。在使用時,我們利用 jQuery Ajax 將查詢條件傳送到後端程式,然後傳回某個範圍的多筆 JSON 資料,再以分頁的方式呈現在 jQuery Datatables 上。

jQuery Datatables 的功能完整，包含複雜的屬性和方法，在實作列表畫面時，我們只會使用其中的某些功能，所以這裡我們把它包裝、簡化成為 wwwroot/js/base/Datatable.js，並提供給其他程式使用，類別名稱為 Datatable，在系統中我們會用這個元件來取代 jQuery Datatables，它有三個主要的公用方法：

- init：初始化 Datatable 元件，同時設定它的組態，包含要顯示的欄位清單。

- find：把查詢條件傳到後端程式，後端固定呼叫 GetPage Action，然後傳回查詢結果。

- reload：以目前的查詢條件重新查詢資料，並且顯示相同頁次的資料。

2-2　Controller

以「欄位維護」作業為例，它的功能名稱為 Column，列表畫面包含以下四個檔案：

- Controller：Controllers/ColumnController.cs

- Service：Services/ColumnRead.cs

- View：Views/Column/Read.cshtml

- JavaScript：wwwroot/js/base/Column.js

在 Controller 檔案中，和列表畫面有關的 Action 有兩個：

```
public class ColumnController : ApiCtrl
{
    public async Task<ActionResult> Read()
    {
        ViewBag.Projects = await _XpCode.GetProjectsAsync();
```

```
        return View();
}


[HttpPost]
public async Task<ContentResult> GetPage(DtDto dt)
{
        return JsonToCnt(await new ColumnRead().GetPage(Ctrl, dt));
}
```

程式解說

(1) Read：傳回 View，如果查詢欄位包含下拉式欄位，則同時傳回欄位的來源資料，並且寫入 ViewBag 屬性供頁面存取，例如上面的 ViewBag.Projects。

(2) GetPage：傳回多筆 JSON 資料格式的查詢結果，當使用者查詢資料時，系統會固定呼叫這個 Action，傳入參數為 DtDto 類別，它所包含的屬性即為 jQuery Datatables 呼叫後端程式時所傳送的內容。

此外，所有的 CRUD Controller 會繼承 BaseApi/Controllers/ApiCtrl.cs，它的主要用途是自動設定 Controller 名稱以供其他程式使用，內容如下：

```
public class ApiCtrl : Controller
{
    //controller name
    public string Ctrl;

    override public void OnActionExecuting(ActionExecutingContext context)
    {
        //put constructor will not work !!
        Ctrl = ControllerContext.ActionDescriptor.ControllerName;
        base.OnActionExecuting(context);
    }
```

2-3　Service

Service 檔案的功能是接受查詢條件然後傳回查詢結果，這個邏輯對所有的 CRUD 功能都是相同的，不同的地方只有查詢條件和查詢結果的欄位。對於這一類 Service 檔案的命名方式，我們在後面加上 Read 來做區別。所以在 ColumnRead.cs 檔案中，只要設定這個功能需要的 SQL 和查詢欄位即可，其他通用的程式則交給公用程式來處理。以下是 ColumnRead.cs 的內容：

```
    private ReadDto dto = new ReadDto()
    {
        //1.set ReadSql
        ReadSql = @"
Select
p.Code as ProjectCode, t.Code as TableCode,
c.Id, c.Code, c.Name,
c.Status, c.DataType
From dbo.[Column] c
inner join dbo.[Table] t on t.Id=c.TableId
inner join dbo.Project p on p.Id=t.ProjectId
Order by p.Id, t.Id, c.Sort
",
        TableAs = "c",

        //2.set query fields
        Items = new [] {
            new QitemDto { Fid = "ProjectId", Col = "t.ProjectId" },
            new QitemDto { Fid = "TableCode", Col = "t.Code", Op =
                ItemOpEstr.Like },
            new QitemDto { Fid = "Code", Op = ItemOpEstr.Like },
        },
    };
```

```
public async Task<JObject> GetPageAsync(DtDto dt)
{
    //3.call CrudRead.GetPage Async()
    return await new CrudRead().GetPageAsync(dto, dt);
}
```

程式解說

(1) 建立一個 ReadDto 類別變數，並且設定其中的 ReadSql 屬性，它的內容即是查詢資料庫的標準 SQL 字串，系統會在執行查詢時加入查詢條件和分頁的關鍵字，要注意的是這個 SQL 必須包含 Order by 字串，系統才能正確讀取某個頁次的資料。另外 ReadDto 類別包含其他屬性，可以處理其他複雜的查詢狀況。

(2) 設定從前端傳進來的三個查詢欄位，其名稱分別為 ProjectId、TableCode、Code，以及它們的資料比對方式。

(3) 在 GetPage 函數中呼叫公用程式 CrudRead.GetPageAsync 函數來得到查詢結果。

在上面的程式中所呼叫的 CrudRead 類別是一個公用程式，用來處理 CRUD 列表畫面的後端功能，檔案路徑為 Base/Services/CrudRead.cs，其中 GetPageAsync 函數的程式結構如圖 2-1：

```
public async Task<JObject> GetPageAsync(ReadDto readDto, DtDto dtDto, string ctrl = "")
{
    1.check input

    #region 2.get sql
    var sqlDto = _Sql.SqlToDto(readDto.ReadSql, readDto.UseSquare);
    if (sqlDto == null)
        return null;

    //prepare sql where & set sql args by user input condition
    var search = (_dtDto.search == null) ? "" : _dtDto.search.value;
    var where = await GetWhereAsync(ctrl, readDto, _Str.ToJson(dtDto.findJson), CrudEnum.
    if (where == "-1")
        return _Json.GetError();
    else if(where == "-2")
        return _Json.GetBrError(_Fun.TimeOutFid);

    if (where != "")
        sqlDto.Where = (sqlDto.Where == "")
            ? "Where " + where : sqlDto.Where + " And " + where;
    #endregion

    3.get rows count if need

    4.sql add sorting

    #region 5.get page rows
    sql = _Sql.DtoToSql(sqlDto, dtDto.start, dtDto.length);
    rows = await db.GetJsonsAsync(sql, _sqlArgs);
    #endregion

lab_exit:
    //close db
    await db.DisposeAsync();

    //return result
    return JObject.FromObject(new
    {
        dtDto.draw,
        data = rows,
        recordsFiltered = rowCount,
    });
}
```

圖 2-1　CrudRead.cs GetPageAsync 函數的程式結構

傳入參數：

- ■ ctrl：Controller 名稱。

- ■ readDto：在 ColumnRead.cs 所設定的 ReadDto 類別變數。

- ■ dtDto：前端傳入的查詢條件，包含 jQuery Datatables 元件欄位。

程式解說

(1) 檢查傳入參數。

(2) 處理使用者傳入的查詢條件，同時加入分頁條件。

(3) 計算該條件下的資料筆數，當使用者改變查詢條件時會執行這個動作，如果只是檢視不同頁次的資料則不會改變查詢筆數。

(4) SQL 字串加上排序條件，才能正確讀取資料。

(5) 組成完整的 SQL 字串查詢某個頁次的資料，不同資料庫引擎像是 MS SQL、MySQL、Oracle 在讀取分頁資料時的語法不同，這個語法儲存在 _Fun.ReadPageSql 變數。最後傳回的內容包含三個欄位：draw（用於 jQuery Datatables）、data（查詢結果多筆 JSON 資料內容）、recordsFiltered（查詢筆數）。

2-4　View

圖 2-2 是「欄位維護」的列表畫面，上面是查詢欄位，下面是查詢結果，其中的多筆查詢結果、左下方的顯示筆數、右下方的頁碼是由 jQuery Datatables 自行控制，我們只需要設定它們的位置：

圖 2-2　CRUD 列表畫面的結構

在上方的查詢欄位右邊有三個按鈕，它們的用途分別是：

- 查詢：查詢資料並且將結果顯示在畫面。

- 清除：清除查詢條件欄位。

- 進階：顯示或隱藏進階的查詢欄位，當查詢欄位的數目比較多時，我們會將一些比較少用的欄位放在這個區塊，動態顯示這個區段的內容，來保持畫面的簡潔，其中，畫面中的「欄位」位於這個區域。

Views/Column/Read.cshtml 是頁面檔案，程式內容如下：

```
@* 1.locale *@
@inject IHtmlLocalizer<DbAdm.R0> R

@* 2.load js and initial *@
<script src="~/js/view/Column.js"></script>
<script type="text/javascript">
    $(function () {
```

```
        _me.init();
    });
</script>

@* 3.program name *@
@await Component.InvokeAsync("XgProgPath", new { names = new string[] {
R["MenuColumn"].Value } })

<div class="xp-prog">
    <div id="divRead">
        @* 4.first query area *@
        <form id='formRead' class='xg-form xg-mb0'>
            <div class="row">
                @await Component.InvokeAsync("XiSelect", new XiSelectDto
                { Title = R["Project"].Value, Fid = "ProjectId", Rows =
                (List<IdStrDto>)ViewBag.Projects, InRow = true })

                @* 5.toolbar *@
                @await Component.InvokeAsync("XgFindTbar", new
                XgFindTbarDto { HasReset = true, HasFind2 = true })
            </div>
            @await Component.InvokeAsync("XiText", new XiTextDto { Title =
                R["Table"].Value, Fid = "TableCode", MaxLen = 30 })
        </form>

        @* 6.second query area *@
        <form id='formRead2' class='xg-form xg-mb0'>
            @await Component.InvokeAsync("XiText", new XiTextDto { Title =
                R["Column"].Value, Fid = "Code", MaxLen = 30 })
        </form>
        <div class="xg-h10"></div>

        @* 7.query result table header *@
        <table id="tableRead" class="table table-bordered xg-table"
          cellspacing="0">
          <thead>
              <tr>
                  <th>@R["Project"]</th>
                  <th>@R["Table"]</th>
                  <th>@R["Column"]</th>
                  <th>@R["ColName"]</th>
```

```
                <th>@R["DataType"]</th>
                <th width='80px'>@R["Crud"]</th>
                <th width='60px'>@R["Status"]</th>
            </tr>
        </thead>

        @* 8.query result table rows *@
        <tbody></tbody>
    </table>
</div>

@* 8.edit form *@
<div id="divEdit" class="xg-hide">
    <partial name="Edit" />
</div>
</div>
```

程式解說

(1) 載入公用的多國語檔案，同時使用 R 這個變數來表示多國語資源。

(2) 載入 JavaScrpt 檔案同時呼叫初始化函數 init，每個 CRUD 功能我們會在它的 JavaScrpt 檔案裡面建立一個 _me 變數。

(3) 顯示功能名稱，呼叫 XgProgPath 自訂元件。

(4) 第一個查詢條件區域，包含「專案」和「資料表」兩個欄位，這裡的輸入欄位使用自訂輸入欄位，參考「第 8 章 自訂輸入欄位」。

(5) 查詢欄位工具列，最多可以顯示三個按鈕。

(6) 第二個查詢條件區域，包含「欄位」，這個區域非必要。

(7) 查詢結果的標題欄位，欄位數必須和 jQuery Datatables 設定的欄位數一致。

(8) 查詢結果資料的顯示位置，固定放在 tbody 元素裡。

(9) 預先載入編輯畫面 Partial View，初始狀態為隱藏。

2-5　JavaScript

檔案路徑為 wwwroot/js/view/Column.js，在初始化函數 init 中需要設定
jQuery Datatables 所需要的欄位資訊，內容如下：

```javascript
init: function () {
    //set Datatables config
    var config = {
        columns: [
            { data: 'ProjectCode' },
            { data: 'TableCode' },
            { data: 'Code' },
            { data: 'Name' },
            { data: 'DataType' },
            { data: '_Fun' },
            { data: 'Status' },
        ],
        columnDefs: [
            { targets: [5], render: function (data, type, full, meta) {
                return _crud.dtCrudFun(full.Id, full.Name, true, true, false);
            }},
            { targets: [6], render: function (data, type, full, meta) {
                return _crud.dtStatusName(data);
            }},
        ],
    };

    //init crud
    _crud.init(config);
},
```

其中 columns 屬性設定多個欄位名稱，這些欄位大部分是你從資料庫選取
出來的欄位；columnDefs 屬性則用來設定特殊欄位顯示的內容，如果某個
欄位不是來自資料庫，你可以在這裡定義它的內容，如上面的 _Fun 欄位；
最後呼叫 _crud.init 函數，同時傳入上面的設定資訊。

_crud.js 位於 wwwroot/js/base 目錄下，是一個 JavaScript 靜態類別，我們把 CRUD 前端功能包裝在這個類別作為公用程式，其中的 init 函數將會叫用我們在前面所提到的 Datatable 類別。在查詢資料時，系統固定呼叫後端 GetPage Action，然後回傳資料並且寫入這個 Datatable，程式結構如圖 2-3：

```
/**
 * initial CRUD
 * param dtConfig {Object} datatables config
 * param edits {object Array} for edit form
 *   1.null: means one table, get eform
 *   2.many edit object, if ary0 is null, then call new EditOne()
 * param updName {string} update name, default to _BR.Update
 */
init: function (dtConfig, edits, updName) {
    1.set _me.edits[]

    2.set instance variables

    //3.initial forms(recursive)
    _crud.initForm(_me.edit0);
    _prog.init();    //prog path

    //4.Create Datatable object
    _me.dt = new Datatable('#tableRead', 'GetPage', dtConfig);
},
```

圖 2-3 _crud.js init 函數的程式結構

程式解說

(1) 每一個 CRUD 功能都會宣告一個 object 型態的變數，名稱為 _me，生命週期為這個 CRUD 功能，此步驟用來設定編輯畫面的相關變數。

(2) 設定其他變數。

(3) 初始化編輯畫面。

(4) 建立一個 Datatble 物件，同時 div id 為 tableRead，用途是顯示查詢結果；固定呼叫後端 GetPage Action。

2-6　檢查 Log

完成以上四個檔案之後,「欄位維護」列表畫面的功能就完成了,你可以啟動 Visual Studio 來檢查這個功能在操作上的正確性。系統會記錄所有的 SQL 內容,這些記錄檔案位於 _log 目錄下,檔名後面有 sql 方便辨識,如圖 2-4。此外,如果出現 error Log 檔案,則表示系統發生錯誤,必須檢查。

2021-08-25-sql.txt
2021-08-24-sql.txt
2021-08-20-sql.txt
2021-08-19-sql.txt
2021-08-11-sql.txt
2021-08-09-sql.txt
2021-08-07-sql.txt
2021-08-07-error.txt

圖 2-4　_log 目錄的內容

每一次查詢資料時,系統會記錄兩種 SQL 內容,第一種是符合查詢條件的資料筆數,jQuery Datatables 需要這個數字來顯示頁次按鈕;第二種是查詢某一頁資料,系統會在 SQL 字串後面自動加上分頁的語法,例如在 MSSQL 為 offset、fetch,如下圖所示,這些查詢資料最後會顯示在 jQuery Datatables 的表格,你可以在 SSMS 檢查這些 SQL 內容的正確性來調整相關的檔案內容:

```
36  00:26:37(0);
37  Select Count(*) as _count From dbo.[Column] c
38  inner join dbo.[Table] t on t.Id=c.TableId
39  inner join dbo.Project p on p.Id=t.ProjectId
40  00:26:37(0);
41  select
42    p.Code as ProjectCode, t.Code as TableCode,
43    c.Id, c.Code, c.Name,
44    c.Status, c.DataType From dbo.[Column] c
45  inner join dbo.[Table] t on t.Id=c.TableId
46  inner join dbo.Project p on p.Id=t.ProjectId Order by p.Id,
47  offset 0 rows fetch next 10 rows only
48
```

圖 2-5　SQL Log 檔案的內容

chapter 3

CRUD 編輯畫面

CRUD 編輯畫面用來維護資料表的內容，使用者透過這個畫面編輯一筆資料的流程為：

1. 在 CRUD 列表畫面點選要編輯的記錄。

2. 系統從資料庫讀取內容，顯示在畫面上。

3. 使用者修改資料後送出。

4. 系統檢查資料的正確性。

5. 寫入資料表。

對所有 CRUD 編輯功能來說，它的差異在於所維護的資料表和欄位清單不同，我們只需要在每個功能設定個別維護的資訊，即可達到模組化的目的，減少重複的程式碼。由於 Entity Framework 屬於強型別工具，在處理動態欄位上不太方便，所以在這裡我們使用 ADO.NET 來實作 CRUD 編輯作業中存取資料庫的功能。

除此之外，還需要考慮操作畫面的便利性，大多數 Web 系統在存取資料庫時只允許維護一個資料表，藉此讓程式保持簡單，但是相對的在操作上會失去許多便利性，這裡的 CRUD 允許同時維護兩個以上的資料表。

3-1 維護單一資料表

DbAdm 系統的「欄位維護」作業用來維護 Column 資料表,編輯功能要實作的檔案有以下三個,在列表畫面出現的 JavaScript Column.js 檔案則不需要為編輯功能做修改:

1. Controller:Controllers/ColumnController.cs

2. Service:Services/ColumnEdit.cs

3. View:Views/Column/Edit.cshtml

一、Controller

在 Controller 檔案中,與編輯功能有關的 Action 有以下五個:

```
public async Task<ContentResult> GetUpdateJson(string key) {
    return JsonToCnt(await EditService().GetUpdateJsonAsync(key));
}

public async Task<ContentResult> GetViewJson(string key) {
    return JsonToCnt(await EditService().GetViewJsonAsync(key));
}

public async Task<JsonResult> Create(string json) {
    return Json(await EditService().CreateAsync(_Json.StrToJson(json)));
}

public async Task<JsonResult> Update(string key, string json) {
    return Json(await EditService().UpdateAsync(key, _Json.StrToJson(json)));
}

public async Task<JsonResult> Delete(string key) {
    return Json(await EditService().DeleteAsync(key));
}
```

程式解說

(1) GetUpdateJson：傳回一筆編輯資料。

(2) GetViewJson：傳回一筆檢視資料，因為必須考慮用戶權限，所以與編輯資料使用不同的 Action。

(3) Create：儲存一筆新增的資料。

(4) Update：儲存一筆異動的資料。

(5) Delete：刪除一筆資料。

二、Service

檔案為 Services/ColumnEdit.cs，檔名後面加上 Edit 來表示這個類型的服務程式，它會繼承 XpEdit 類別，這個類別包含編輯畫面所需要的大部分功能，ColumnEdit 只需要實作 GetDto 函數來建立一個 EditDto 物件，並且設定它的屬性，包含所要維護的資料表和欄位清單，以下是它的完整內容：

```
public class ColumnEdit : XpEdit
{
    public ColumnEdit(string ctrl) : base(ctrl) { }

    override public EditDto GetDto()
    {
        return new EditDto()
        {
            Table = "dbo.[Column]",
            PkeyFid = "Id",
            Col4 = null,
            ReadSql = $@"
select
    p.Code as ProjectCode, t.Code as TableCode,
    c.*
from dbo.[Column] c
join dbo.[Table] t on t.Id=c.TableId
```

```
join dbo.Project p on p.Id=t.ProjectId
where c.Id='{{0}}'
",
                Items = new EitemDto[] {
                        new EitemDto() { Fid = "Id" },
                        new EitemDto() { Fid = "Code" },
                        new EitemDto() { Fid = "Name" },
                        new EitemDto() { Fid = "Status" },
                        new EitemDto() { Fid = "Note" },
                },
        };
    }
} //class
```

EditDto 類別的內容會對應到所要維護的資料表及欄位，其中常用的屬性如下：

- Table：維護的資料表名稱。

- ReadSql：讀取資料的 SQL 內容，如果空白則會讀取 Items 屬性裡面的欄位。

- PkeyFid：主 Key 欄位名稱。

- FkeyFid：關聯欄位名稱，主 Table 不必填寫。

- Items：維護的資料表欄位陣列。

- Col4：建檔人員、建檔日期、修改人員、修改日期四個欄位。

- Childs：要維護的多個關聯資料表。

前面提到的 XpEdit 類別位於 Base/Services/XpEdit.cs，它的用途是做為編輯功能服務的上層類別，提供 Controller 所需要的服務，因此函數名稱與 Controller Action 高度相同。

功能抽離到 XpEdit 後，個別服務程式如 ColumnEdit.cs 的內容可以大幅
減少，達到簡化、減少重複程式碼的目的。XpEdit 在內容上主要透過呼叫
CrudEdit 類別來執行存取資料的功能，其中 GetDto 是一個抽象方法，必須
在子代類別中實作，完整內容如下：

```
abstract public class XpEdit
{
    public string Ctrl;

    public XpEdit(string ctrl) {
        Ctrl = ctrl;
    }

    //derived class implement.
    abstract public EditDto GetDto();

    public CrudEdit Service() {
        return new CrudEdit(Ctrl, GetDto());
    }

    public async Task<JObject> GetUpdateJsonAsync(string key) {
        return await Service().GetUpdateJsonAsync(key);
    }

    public async Task<JObject> GetViewJsonAsync(string key) {
        return await Service().GetViewJsonAsync(key);
    }

    public async Task<ResultDto> CreateAsync(JObject json) {
        return await Service().CreateAsync(json);
    }

    public async Task<ResultDto> UpdateAsync(string key, JObject json) {
        return await Service().UpdateAsync(key, json);
    }

    public async Task<ResultDto> DeleteAsync(string key) {
        return await Service().DeleteAsync(key);
    }
}//class
```

XpEdit 所呼叫的 CrudEdit 類別位於 Base/Services/CrudEdit.cs，功能是提供編輯畫面存取資料庫的功能，以下是 CrudEdit 主要的公用方法和說明：

■ CreateAsync：建立一筆資料及對應的 Child 資料（Child 表示關聯的資料表）。

■ DeleteAsync：刪除一筆資料及對應的 Child 資料。

■ DeleteByKeysAsync：刪除多筆資料。

■ GetChildJson：我們所維護的多個資料表之間會有主從關係，此函數傳回某個 Child 資料表的 JSON 內容，而這個 JSON 會包含 2 個屬性：Childs、Rows。

■ GetChildRows：傳回某個 Child 資料表的資料（Rows 屬性）。

■ GetDbRowAsync：傳回一筆資料。

■ GetJson：傳回某個資料表的 JSON 內容。

■ GetJsonRowsAsync：傳回某個 JSON 內容的 Rows 屬性。

■ GetKey：傳回一筆資料的 Key 值。

■ GetNewKeyJson：用於檔案上傳。

■ SetNewKeyJson：用於檔案上傳。

■ SetChildFkey：設定 Child 資料表的外部鍵欄位。

■ UpdateAsync：更新一筆資料及對應的 Child 資料。

三、View

「欄位維護」作業的編輯畫面如下：

欄位維護-修改

專案代碼	DbAdm
資料表	Project
欄位	Id
*欄位名稱	Id
資料型態	varchar(10)
資料狀態	✓ 啟用
說明	PKey

儲存 💾　回上一頁 ↑

圖 3-1　CRUD 資料編輯畫面

檔案路徑為 Views/Column/Edit.cshtml，內容如圖 3-2：

```
@* 1.locale *@
@inject IHtmlLocalizer<DbAdm.R0> R

@* 2.input *@
<form id='eform' class='xg-form'>
    @await Component.InvokeAsync("XiHide", new XiHideDto { Fid = "Id" })
    @await Component.InvokeAsync("XiRead", new XiReadDto { Title = R["ProjectCode"]
    @await Component.InvokeAsync("XiRead", new XiReadDto { Title = R["Table"].Value
    @await Component.InvokeAsync("XiRead", new XiReadDto { Title = R["Column"].Valu
    @await Component.InvokeAsync("XiText", new XiTextDto { Title = R["ColName"].Val
    @await Component.InvokeAsync("XiRead", new XiReadDto { Title = R["DataType"].Va
    @await Component.InvokeAsync("XiCheck", new XiCheckDto { Title = R["Status"].Va
    @await Component.InvokeAsync("XiText", new XiTextDto { Title = R["Note"].Value,
</form>

@* 3.Save & Back buttons *@
@await Component.InvokeAsync("XgSaveBack")
```

圖 3-2　欄位維護作業的編輯畫面內容

程式解說

(1) 載入公用的多國語檔案，同時使用 R 這個變數來表示多國語資源。

(2) 輸入欄位使用「第 8 章　自訂輸入欄位」，它的關鍵字是 @await
Component，欄位名稱前面加上 Xi 方便與其他自訂元件做區別，每
個欄位會傳入一個名稱類似的類別參數，例如 XiHideDto。

(3) 每個編輯畫面都會用到「儲存」、「回上一頁」按鈕，因此作為公用
元件以方便在檔案中引用。

這些自訂輸入欄位的檔案位於 BaseWeb/ViewComponents 目錄，依序包含
以下欄位：

- XiCheck：CheckBox

- XiDate：日期欄位，使用 Bootstrap DatePicker

- XiDec：小數欄位

- XiDt：日期時間欄位

- XiFile：檔案上傳欄位

- XiHide：隱藏欄位

- XiHtml：HTML 編輯欄位

- XiInt：整數欄位

- XiLinkFile：檢視檔案

- XiRadio：多個 Radio Button

- XiRead：唯讀欄位

- XiSelect：下拉式欄位

- XiTextArea：多行文字欄位

- XiText：文字欄位

3-2　維護多個資料表

以「資料表維護」功能為例，它用來維護 Table 和 Column 兩個資料表，在這個功能的 MVC 檔案中，因為維護多個資料表，需要做修改的檔案有以下兩個；另外，為了方便處理多國語，我們將這個功能的 JavaScript 檔案併入 View Read.cshtml：

1. Service：Services/TableEdit.cs
2. View：Views/Table/Edit.cshtml

一、Service

在所建立的 EditDto 物件中，包含要維護的兩個資料表，同時利用 Childs 這個屬性來表示它們的主從關係，內容如下：

```
private EditDto CctDto()
{
    return new EditDto
    {
        Table = "dbo.[Table]",
        PkeyFid = "Id",
        Col4 = null,
        Items = new[] {
            new EitemDto { Fid = "Id" },
            new EitemDto { Fid = "ProjectId" },
            new EitemDto { Fid = "Code" },
            new EitemDto { Fid = "Name" },
            new EitemDto { Fid = "TranLog" },
            new EitemDto { Fid = "Note" },
            new EitemDto { Fid = "Status" },
        },
        Childs = new EditDto[]
        {
            new EditDto
            {
                Table = "dbo.[Column]",
                PkeyFid = "Id",
                FkeyFid = "TableId",
```

```
            OrderBy = "Sort",
            Col4 = null,
            Items = new [] {
                new EitemDto { Fid = "Id" },
                new EitemDto { Fid = "TableId" },
                new EitemDto { Fid = "Code" },
                new EitemDto { Fid = "Name" },
                new EitemDto { Fid = "DataType" },
                new EitemDto { Fid = "Nullable" },
                new EitemDto { Fid = "DefaultValue" },
                new EitemDto { Fid = "Sort" },
                new EitemDto { Fid = "Note" },
                new EitemDto { Fid = "Status" },
            },
        },
    },
};
}
```

二、View

編輯畫面如圖 3-3，上方是 Table 欄位，下方是多筆的 Column 欄位：

圖 3-3 CRUD 多個資料表的編輯畫面

檔案 Views/Table/Edit.cshtml 的內容如圖 3-4。

```
@inject IHtmlLocalizer<DbAdm.R0> R

@* 1.Table *@
<form id='eform' class='xg-form'>
    @await Component.InvokeAsync("XiHide", new XiHideDto { Fid = "Id" })
    @await Component.InvokeAsync("XiSelect", new XiSelectDto { Title = R["Project"].Value, Fid
    @await Component.InvokeAsync("XiText", new XiTextDto { Title = R["Table"].Value, Fid = "Co
    @await Component.InvokeAsync("XiText", new XiTextDto { Title = R["TableName"].Value, Fid =
    @await Component.InvokeAsync("XiCheck", new XiCheckDto { Title = R["TranLog"].Value, Fid =
    @await Component.InvokeAsync("XiCheck", new XiCheckDto { Title = R["Status"].Value, Fid =
</form>

@* 2.Column *@
<div class='xg-btns-box'>
    @await Component.InvokeAsync("XgAddRow", "_me.mCol.onAddRow()")
</div>
<form id='eformCol' class='xg-form' style="border:none">
    <table class="table table-bordered xg-table xg-no-hline" cellspacing="0">
        <thead>
            <tr>
                @* 3.XgTh component *@
                @await Component.InvokeAsync("XgTh", new XgThDto { Title = R["Column"].Value,
                @await Component.InvokeAsync("XgTh", new XgThDto { Title = R["ColName"].Value,
                @await Component.InvokeAsync("XgTh", new XgThDto { Title = R["DataType"].Value
                <th>@R["Nullable"]</th>
                <th>@R["Default"]</th>
                <th>@R["Sort"]</th>
                <th>@R["Note"]</th>
                <th>@R["Crud"]</th>
                <th>@R["Status"]</th>
            </tr>
        </thead>

        <tbody id="divCols"></tbody>
    </table>
</form>
@await Component.InvokeAsync("XgSaveBack")

@* 4.row template, set td width, Nullable set false first then set by js *@
<script id="tplCol" type="text/template">
    <tr>
        @await Component.InvokeAsync("XiHide", new XiHideDto { Fid = "Id" })
        <td>@await Component.InvokeAsync("XiText", new XiTextDto { Fid = "Code", Value = "{{Co
        <td>@await Component.InvokeAsync("XiText", new XiTextDto { Fid = "Name", Value = "{{Na
        <td>@await Component.InvokeAsync("XiText", new XiTextDto { Fid = "DataType", Value = "
        <td class="text-center">@await Component.InvokeAsync("XiCheck", new XiCheckDto { Fid =
        <td width="120px">@await Component.InvokeAsync("XiText", new XiTextDto { Fid = "Defaul
        <td width="80px">@await Component.InvokeAsync("XiText", new XiTextDto { Fid = "Sort",
        <td>@await Component.InvokeAsync("XiText", new XiTextDto { Fid = "Note", Value = "{{No
        <td class="text-center">@await Component.InvokeAsync("XgDeleteRow", "_me.mCol.onDelete
        <td class="text-center">@await Component.InvokeAsync("XiCheck", new XiCheckDto { Fid =
    </tr>
</script>
```

圖 3-4　資料表維護功能編輯畫面程式內容

程式解說

(1) Table 資料表的輸入欄位設定方式與單筆維護畫面相同。

(2) Column 資料表的區域屬於多筆資料，使用 HTML table 來編排畫面，HTML tbody 用來顯示多筆資料。

(3) XgTh 自訂元件可以在表格的標題增加額外屬性，例如紅色星號。

(4) 以範本的方式來設定每一筆資料內容，同時設定欄位寬度；當顯示資料和新增一列空白資料時，系統會利用這個範本來產生頁面。

另外，在 Read.cshtml 所包含的 JavaScript 中，init 函數內容的最後必須建立一個維護多筆資料的 EditMany 物件，如圖 3-5，檔案位於 wwwroot/js/base/EditMany.js，它的用途是處理多筆資料區域的顯示、資料收集、驗證…等功能。

```
    };

    //init crud
    _me.mCol = new EditMany('Id', 'eformCol', 'tplCol', 'tr');
    _crud.init(config, [null, _me.mCol]);
},
```

圖 3-5 資料表維護作業 Read.cshtml 的 init 函數

chapter 4

人事管理系統

在介紹軟體積木的內容時，需要一個系統做為說明的範例，所以我們建立了一個簡單的人事管理系統（以下稱 HrAdm），它包含書中所有軟體積木的實作；考慮不同語系讀者的需要，因此加入了多國語功能，你只要在組態檔指定語系即可。

4-1 安裝

HrAdm 系統是一個 Web 專案，安裝的方式與資料庫文件系統（DbAdm）類似，包含下兩個步驟：

一、下載

HrAdm 包含兩個下載檔案，它們位於 Github 網站，任何人都可以自由下載：

- Base：包含 Base、BaseApi、BaseWeb 三個專案，下載的網址為 https://github.com/bruce68tw/Base，這個檔案是共用的，如果你之前已經安裝過資料庫文件系統，那麼這裡就不必再下載。

- HrAdm：內容為 HrAdm 專案，下載的網址為 https://github.com/bruce68tw/HrAdm。

在你的本機建立一個目錄後（例如 d:\project），把 GitHub 下載的兩個壓縮檔放到此目錄，解壓縮兩個檔案後，移除目錄名稱後面的 master 文字，你會看到結果如圖 4-1：

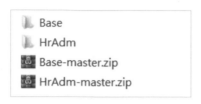

圖 4-1　HrAdm 專案目錄的壓縮檔案

二、建立資料庫

進入 SQL Server Management Studio（SSMS），建立一個空白的資料庫，名稱為 Hr，同時把它切換為目前的工作資料庫。在 SSMS 下執行 HrAdm/_data/createDb.sql，這個檔案會建立本系統所有的資料表，並且產生資料內容。

4-2　資料表清單

本系統完整的欄位內容可以參考 HrAdm/_data/Tables.docx 檔案，資料表清單如下，其中資料表名稱前面加上 Xp，表示它的性質偏向系統用途，用來跟其他性質的資料表做區隔：

- Cms：CMS（Content Management System）設定資料。
- CustInput：自訂輸入欄位資料。

- Dept：部門資料。

- Leave：假單資料。

- User：用戶基本資料。

- UserJob：用戶工作經驗。

- UserLang：用戶精通語言。

- UserLicense：用戶取得證照。

- UserSchool：用戶學歷資料。

- UserSkill：用戶特殊技能。

- XpCode：雜項檔，這個資料表用來儲存 Key-Value 的對應資料。

- XpEasyRpt：快速報表設定資料。

- XpFlow：流程設定資料。

- XpFlowLine：流程線設定資料。

- XpFlowNode：流程節點資料。

- XpFlowSign：包含所有流程的簽核資料。

- XpImportLog：匯入資料紀錄。

- XpTranLog：資料異動紀錄。

- XpProg：系統功能基本資料。

- XpRole：角色基本資料。

- XpRoleProg：角色功能資料。

- XpUserRole：用戶角色資料。

4-3　組態設定

HrAdm/appsettings.json 裡的 FunConfig 區段會記錄本系統所需要的組態，如圖 4-2，欄位說明可參考第 1 章的 DbAdm 系統：

```
"FunConfig": {
  "Db": "data source=(localdb)\\mssqllocaldb;initial catalog=Hr;
  "Locale": "zh-TW",
  "LogSql": "true",
  "LogDebug": "true",
  /* Smtp: 0(Host),1(Port),2(Ssl),3(Id),4(Pwd),5(FromEmail),6(Fr
  "Smtp": ""
}
```

圖 4-2　HrAdm appsettings.json 的 FunConfig 內容

4-4　Startup.cs 說明

系統啟動時會執行 HrAdm/Startup.cs 的 ConfigureServices 函數，它會設定系統許多底層程式所需要的功能，程式內容如下：

```
//1.config MVC
services.AddControllersWithViews()
    //view Localization
    .AddViewLocalization(LanguageViewLocationExpanderFormat.Suffix)
    //use pascal for newtonSoft json
    .AddNewtonsoftJson(opts => { opts.UseMemberCasing(); })
    //use pascal for MVC json
    .AddJsonOptions(opts =>
{ opts.JsonSerializerOptions.PropertyNamingPolicy = null; });

//2.set Resources path
services.AddLocalization(opts => opts.ResourcesPath = "Resources");
```

```
//3.http context
services.AddSingleton<IHttpContextAccessor, HttpContextAccessor>();

//4.user info for base component
services.AddSingleton<IBaseUserService, MyBaseUserService>();

//5.ado.net for mssql
services.AddTransient<DbConnection, SqlConnection>();
services.AddTransient<DbCommand, SqlCommand>();

//6.appSettings "FunConfig" section -> _Fun.Config
var config = new ConfigDto();
Configuration.GetSection("FunConfig").Bind(config);
_Fun.Config = config;

//7.session (memory cache)
services.AddDistributedMemoryCache();
//services.AddStackExchangeRedisCache(opts => { opts.Configuration =
"127.0.0.1:6379"; });
services.AddSession(opts ->
{
    opts.Cookie.HttpOnly = true;
    opts.Cookie.IsEssential = true;
    opts.IdleTimeout = TimeSpan.FromMinutes(60);
});
```

程式解說

(1) 設定 MVC 的執行環境，同 DbAdm。

(2) 設定多國語檔案的目錄為 Resources，同 DbAdm。

(3) 註冊 HttpContext，同 DbAdm。

(4) 設定讀取登入者的基本資料的服務程式為 MyBaseUserService 類別，
    與 DbAdm 不同，這是因為 HrAdm 具備了登入機制。

(5) 使用 ADO.NET 來處理 CRUD 功能，同 DbAdm。

(6) 讀取組態檔資料，同 DbAdm。

(7) 設定 Session 機制，在這裡使用 Memory Cache，如果有多台主機的情形，則可以改成使用 Redis Cache Server。

另外，在 Configure 函數的調整類似 DbAdm，不同的是 HrAdm 會考慮資料的權限，在呼叫 _Fun.Init 函數時，第四個傳入參數為 AuthTypeEnum.Row，參考「第 14 章 系統功能權限」，它的部分內容如下：

```
public void Configure(IApplicationBuilder app, IWebHostEnvironment env)
{
    //initial & set locale
    _Fun.Init(env.IsDevelopment(), app.ApplicationServices,
        DbTypeEnum.MSSql, AuthTypeEnum.Row);
    _Locale.SetCulture(_Fun.Config.Locale);
    ...
```

4-5 專案目錄說明

在 HrAdm 專案的目錄中，底線開頭的名稱代表作為特殊用途，專案目錄的內容如下：

- _data：包含許多工作檔案，其中 createDb.sql 用來建立本系統的資料表以及產生資料內容；Tables.docx 是利用本系統所產生的資料庫文件；Hr_TranLog.sql 則用來建立異動記錄 Trigger。

- _log：系統運行所產生 Log 檔案，同 DbAdm。

- _template：各種功能所需要的範本檔案，同 DbAdm。

- _upload：所有功能上傳的檔案。

- Controllers：同 DbAdm。

- Enums：同 DbAdm。

- Models：同 DbAdm。

- Resources：多國語資料檔案，包含 Controller 和 View。

- Services：服務類別，同 DbAdm。

- Views：MVC 目錄，同 DbAdm。

- wwwroot：Web 目錄，同 DbAdm。

- Tables：類似 DbAdm，但是專案不同，Script 如下：

```
Scaffold-DbContext "Name=FunConfig:Db" Microsoft.EntityFrameworkCore.SqlServer
-Project HrAdm -context MyContext -OutputDir Tables -Force -NoPluralize
```

執行成功後，會在 Tables 目錄下產生 MyContext.cs 檔案以及多個 Entity
Model 類別。要注意的是，每次重新產生後都必須修改 MyContext.cs 的內
容，如圖 4-3，Scaffold-DbContext 的參數內容可以參考「6-1 節 ASP.NET
Core」中的 Entity Framework 段落。

```
protected override void OnConfiguring(DbContextOptionsBuilder optionsBuilder)
{
    if (!optionsBuilder.IsConfigured)
    {
        optionsBuilder.UseSqlServer(_Fun.Config.Db);
    }
}
```

圖 4-3　HrAdm MyContext.cs 手動修改內容

4-6 功能清單

進入系統首先會出現登入畫面，這個畫面會讀取 User 資料表，並且比對它的 Account、Pwd 欄位（目前沒有加密處理），資料表的內容如圖 4-4：

Id	Name	Account	Pwd	DeptId	PhotoFile	Status
Alex	Alex Chen	aa	aa	RD	Photo.png	1
Nick	Nick Wang	nn	nn	RD	NULL	1
Peter	Peter Lin	pp	pp	GM	NULL	1

圖 4-4 User 資料表內容

登入系統後，在主畫面左邊會顯示功能清單，大部分項目是 CRUD 功能，包含列表畫面和編輯畫面，以下主要從編輯畫面來簡單介紹每一個功能的用途，以及它們所存取的資料表，讓你對這個系統有一個整體的概念，方便在開發時尋找可以參考的範例。 HrAdm 全部的功能項目如下：

1. 請假作業：建立假單。

2. 待簽核假單：簽核假單。

3. 流程維護：維護流程資料。

4. 簽核資料查詢：查詢簽核資料。

5. 用戶管理：維護用戶、用戶角色資料。

6. 角色維護：維護角色、用戶角色、角色功能資料。

7. 功能維護：維護功能、角色功能資料。

8. 用戶經歷維護：維護用戶經歷資料。

9. 自訂輸入欄位：維護自訂輸入欄位資料。

10. 匯入用戶資料：匯入用戶資料。

11. 最新消息維護：維護最新消息資料。

12. 簡單報表維護：維護簡單報表資料

13. 異動記錄查詢：查詢資料庫的異動記錄

一、請假作業

維護的兩個資料表分別為 Leave（假單資料）、XpFlowSign（流程簽核資料）。這個功能是請假流程的起點，當使用者在這裡建立一筆請假資料後，系統會寫入一筆請假資料表（Leave），同時依據請假的內容產生多筆等待簽核的資料（XpFlowSign），後續系統會按照這些簽核資料的內容，依序把假單傳送給相關的人員審核。這個功能的新增畫面如圖 4-5，亦可參考「第 12 章　簽核流程功能」。

圖 4-5　請假作業：新增一筆假單

二、待簽核假單

這個功能是用來審核等待簽核的假單。進入列表畫面時,系統會顯示目前登入者可以簽核的請假資料,按下某筆資料後面的簽核按鈕後,便會進入圖 4-6 的簽核畫面,輸入簽核狀態(SignStatus)和備註欄位(Note)後按「送出」,系統即會更新畫面上 XpFlowSign 資料表的 SignStatus、Note 欄位,以及 Leave 資料表的 FlowStatus、FlowLevel 欄位,然後將這筆資料送給下一個簽核人員。

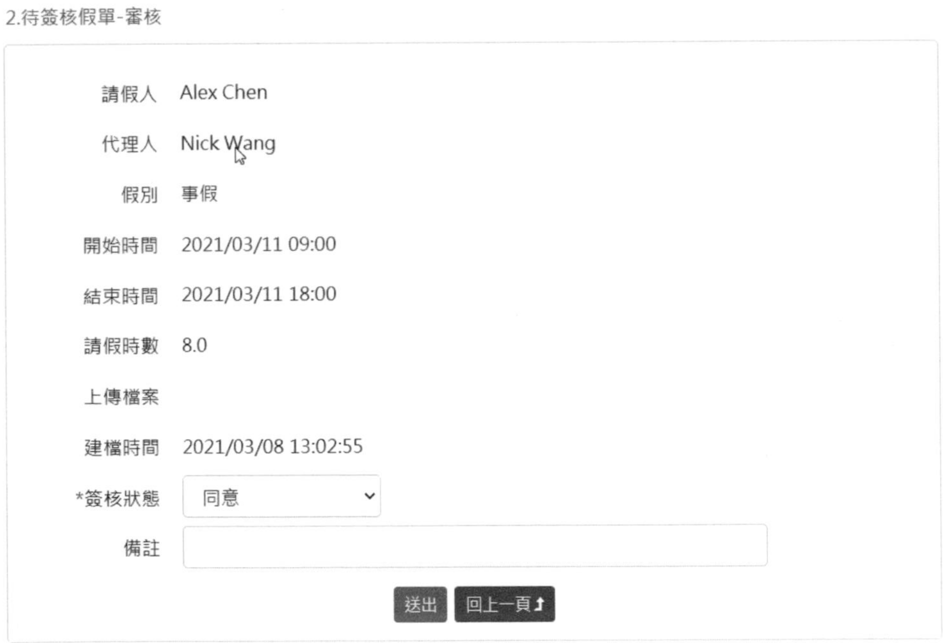

2.待簽核假單-審核

請假人	Alex Chen
代理人	Nick Wang
假別	事假
開始時間	2021/03/11 09:00
結束時間	2021/03/11 18:00
請假時數	8.0
上傳檔案	
建檔時間	2021/03/08 13:02:55
*簽核狀態	同意
備註	

送出　回上一頁

圖 4-6　假單簽核作業

三、流程維護

如果你希望為軟體系統加入簽核流程的功能，那麼你需要一個流程編輯畫面，讓你建立所需要的各種流程資料。這個功能用來維護三個資料表：流程（XpFlow）、流程節點（XpFlowNode）及流程線（XpFlowLine），圖 4-7 是請假流程的編輯畫面，它使用第三方套件 jsPlumb 來建立流程圖，參考「第 12 章 簽核流程功能」。

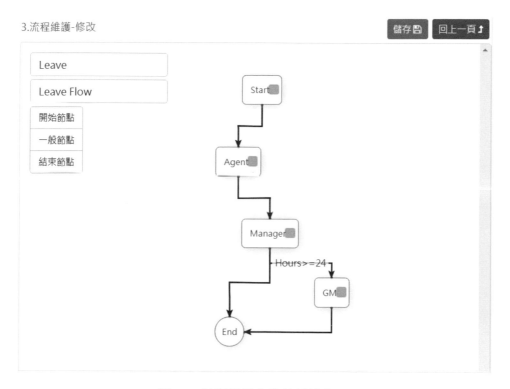

圖 4-7 流程維護作業的編輯畫面

四、簽核資料查詢

這個功能用來查詢所有流程的簽核資料，方便管理者追蹤異常的資料，它會讀取 XpFlowSign 資料表，在列表畫面檢視某一筆資料時，系統依照它的流程種類，顯示對應的簽核資料。圖 4-8 是假單內容和簽核資料，它讀取的是 Leave 和 XpFlowSign 資料表：

4.簽核資料查詢-檢視

申請人：	Alex Chen
代理人：	Nick Wang
假別：	事假
開始時間：	2021/03/10 09:00
結束時間：	2021/03/10 18:00
請假時數：	8.0
上傳檔案：	
建檔時間：	2021/03/07 22:19:00

簽核流程：

節點名稱	簽核人	簽核狀態	簽核時間	備註
Start	Alex Chen	送出	2021/03/07 22:19:00	
Agent	Nick Wang	同意	2021/03/07 22:20:10	
Manager	Nick Wang	同意	2021/03/07 22:20:28	

回上一頁

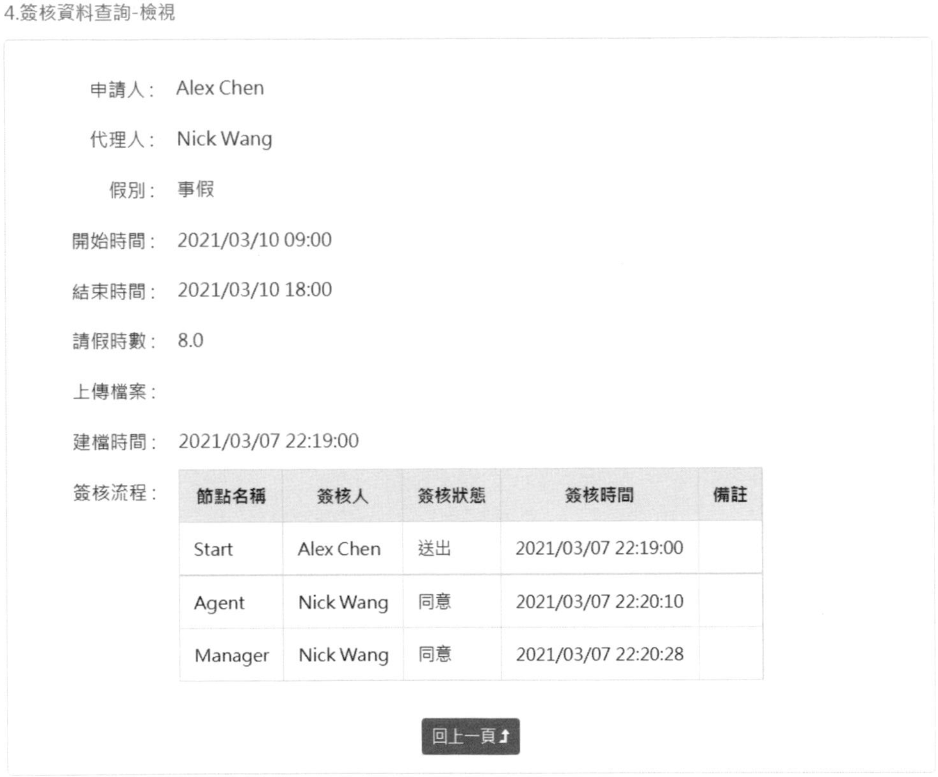

圖 4-8　簽核資料查詢作業的檢視畫面

五、用戶管理

用戶管理是權限設定的一部分，完整的權限設定功能在實作上包含：用戶管理、角色維護、功能維護等三個作業。此功能維護的資料表有：User（用戶資料）、XpUserRole（用戶角色），它的編輯畫面如圖 4-9，其中「角色清單」欄位會對應到多筆 XpUserRole 資料。更多內容可參考「第 14 章系統功能權限」。

5.用戶管理-修改

*帳號	aa
*使用者名稱	Alex Chen
密碼	••
部門	研發部 ⌄
資料狀態	✔ 啟用
角色清單	☐ 部門主管　✔ 個人　☐ 管理者

儲存💾　回上一頁⬆

圖 4-9　用戶管理作業的編輯畫面

六、角色維護

這個功能用來維護三個資料表：XpRole（角色）、XpUserRole（用戶角色）、XpRoleProg（角色功能），編輯畫面如圖 4-10，其中多筆資料的功能細項包括：新增、查詢、修改、刪除、列印、匯出和檢視，表示你可以透過畫面上的欄位去設定使用者對於這些功能項目的權限，參考「第 14 章系統功能權限」。

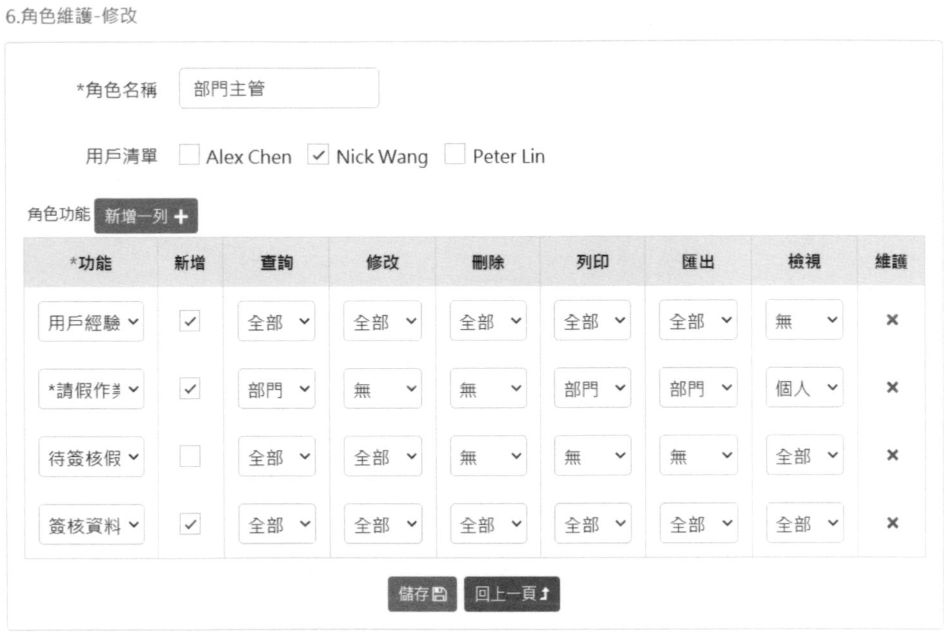

6.角色維護-修改

| *角色名稱 | 部門主管 |

用戶清單　☐ Alex Chen　☑ Nick Wang　☐ Peter Lin

角色功能　新增一列 ✚

*功能	新增	查詢	修改	刪除	列印	匯出	檢視	維護
用戶經驗 ∨	☑	全部 ∨	全部 ∨	全部 ∨	全部 ∨	全部 ∨	無　 ∨	✖
*請假作業 ∨	☑	部門 ∨	無 ∨	無 ∨	部門 ∨	部門 ∨	個人 ∨	✖
待簽核假 ∨	☐	全部 ∨	全部 ∨	無 ∨	無　 ∨	無　 ∨	全部 ∨	✖
簽核資料 ∨	☑	全部 ∨	全部 ∨	全部 ∨	全部 ∨	全部 ∨	全部 ∨	✖

儲存 💾　回上一頁 ⬆

圖 4-10　角色維護作業的編輯畫面

七、功能維護

這個功能用來維護兩個資料表：XpProg（系統功能）、XpRoleProg（角色功能），編輯畫面如圖 4-11，畫面中間的「CRUD 功能」CheckBox 欄位，代表這個功能本身是否具備這樣的功能細項，參考「第 14 章　系統功能權限」。

圖 4-11　功能維護作業的編輯畫面

八、用戶經歷維護

這個功能會維護六個資料表：User（用戶）、UserJob（工作經驗）、UserLang（語言）、UserLicense（證照）、UserSchool（學歷）、UserSkill（技能），編輯畫面如圖 4-12，它包含以下內容，可以做為系統開發時的參考：

■ 維護多個資料表：User 資料表和其他五個資料表為一對多關係。

■ 檔案上傳欄位：包含畫面上方的用戶照片和用戶證照區域的上傳檔案欄位。

■ 多行文字欄位的編輯方式：這裡有兩種不同的方式，點選工作經歷區域的「工作說明」欄位的開啟按鈕時，系統會彈出畫面讓你編輯這個欄位內容；而在最下方專業技能區域的「技能說明」欄位，則是直接編輯。

■ Word 套表：在列表畫面點選「產生履歷檔」這個連結時，系統會產生一個履歷 Word 檔，這個檔案的內容包含畫面上的資料，以及該用戶的照片，可參考「第 9 章　Word 套表」。

8.用戶經歷維護-修改

帳號	aa
使用者名稱	Alex Chen
部門	RD
上傳圖片 🛈	🗁 ✕ Photo.png
資料狀態	✓

工作經驗　新增一列 ✚

*工作名稱	工作類型	工作地點	*起迄時間	*公司名稱	Corpation	管理職	工作說明	
程式設計	技術	台北市	2010/2	新創公司	15	☐	開啟	✕

學歷資料　新增一列 ✚

*學校名稱	*科系	學歷種類	*起迄時間	是否畢業	
元智大學	資工系	大學	2002/6 ~ 2006/6	✓	✕

語言能力　新增一列 ✚

*語言名稱	聽力	說	閱讀	書寫	
中文	精通 ⌄	精通 ⌄	精通 ⌄	精通 ⌄	✕ ∧ ∨

用戶證照　新增一列 ✚

*證照名稱	*起迄時間	上傳檔名	
MS SQL DBA	2018/1/1 ~ 2021/12/31	🗁 ✕ 1leave add.png	✕

專業技能　新增一列 ✚

*技能名稱	技能說明	
asp.net MVC		✕ ∧ ∨

儲存 💾　回上一頁 ⬆

圖 4-12　用戶經歷維護作業的編輯畫面

九、自訂輸入欄位

Web 系統的輸入欄位即是一般的 HTML 元素，不同的元素有不同的屬性，在使用時必須針對不同的元素撰寫對應的程式碼，在開發系統時不太方便，所以在這裡我們使用 ASP.NET Core 的 View Component 把這些 HTML 元素包裝成為自訂輸入欄位，用在各種查詢和編輯畫面，來減少重複的程式碼。這些自訂欄位同時包含了三個額外屬性：欄位提示訊息、紅色必填符號、欄位驗證。除此之外，我們也加入了一些特殊欄位，像是日期時間、HTML 欄位…等，圖 4-13 是全部自訂輸入欄位在編輯畫面呈現出來的樣子，欄位前面的標題即是它們的元件名稱。儲存時，系統會把資料寫入 CustInput 資料表，更多參考「第 8 章 自訂輸入欄位」。

圖 4-13 自訂輸入欄位作業的編輯畫面

十、匯入用戶資料

匯入是常見的功能，它提供一種便利的方式來寫入多筆資料；不同的匯入功能之間有許多共同性，透過模組化的設計我們可以把這些共同性質寫入公用程式，只保留差異化的程式在個別的功能，讓開發和維護的工作變得簡單許多，像是：匯入用戶、匯入部門、匯入假單……等等，在圖 4-14 的列表畫面中，系統會存取 XpImport 資料表，更多內容請參考「第 11 章　從 Excel 匯入」。

10.匯入用戶資料

成功筆數	失敗筆數	合計筆數	匯入檔案	建檔人員	建檔時間
3	0	3	UserImport.xlsx	Alex Chen	2021/03/31 19:07:44
0	3	3	UserImport.xlsx	Alex Chen	2021/03/29 17:53:06
0	3	3	UserImport.xlsx	Alex Chen	2021/03/29 17:34:05
0	3	3	UserImport.xlsx	Alex Chen	2021/03/29 17:33:33
0	3	3	UserImport.xlsx	Alex Chen	2021/03/29 17:33:23

匯入檔案名稱　　　　　　　　查詢

匯入Excel　下載範本

每頁顯示 10 ▾ 筆, 第 1 至 5 筆, 總共 5 筆　　|< < 1 > >|

圖 4-14　匯入用戶資料作業

十一、最新消息維護

「最新消息維護」是 CMS（Content Management System）功能的實作，所謂 CMS 是指內容管理系統，一般包含資料的維護和發佈。一個系統通常會包含多個 CMS 功能，這裡我們希望建立一個共用的 CMS 功能，只存取一個 Cms 資料表，來減少需要維護的程式碼，圖 4-15 是它的編輯畫面，更多內容請參考「第 13 章　CMS 功能」。

圖 4-15　最新消息維護作業的編輯畫面

十二、簡單報表維護

維護的資料表為 XpEasyRpt；這個功能的目的是希望用快速的開發方式來建立報表功能，這樣的報表一般具備格式簡單的特性，你只要為每個報表建立一筆資料和範本檔案，同時配合排程程式，系統即可在指定時間產生報表，然後寄送給指定人員。編輯畫面如圖 4-16，更多內容請參考「第 15章　簡單報表」。

12.簡單報表維護-修改

*報表名稱	用戶資料報表
*Excel範本	User.xlsx
收件者Email❶	bruce66tw@gmail.com
*Sql	select Name, Account, DeptId, Status from dbo.[User]
資料狀態	✓ 啟用

儲存 💾　回上一頁 ⬆

圖 4-16 簡單報表維護作業的編輯畫面

十三、異動記錄查詢

這個功能的用途是查詢資料庫的異動記錄，讀取的資料表為 XpTranLog，它的列表畫面如圖 4-17。關於如何產生異動記錄，可以參考「第 17 章　資料異動記錄」。

13.異動記錄查詢

資料表名稱	欄位名稱	資料Id	異動操作	欄位舊值	欄位新值	建檔時間
User	DeptId	Alex	Update	D5	RD	2021/04/15 11:53:14
User	DeptId	Alex	Update	D3	D5	2021/04/14 17:04:39
User	DeptId	Alex	Update	RD	D3	2021/04/14 16:56:33

每頁顯示 10 筆, 第 1 至 3 筆, 總共 3 筆

圖 4-17　異動記錄查詢作業

chapter 5

CRUD 產生器

CRUD 的意思是新增、查詢、修改、刪除，它代表的是對資料庫基本的存取功能。CRUD 功能在軟體系統中有很高的普遍性和一致性，所以在這裡我們建立了一個 CRUD 產生器，透過這個功能，你可以產生每個 CRUD 功能的原始碼，並且執行它們。

這個產生器的用途可以簡單歸納如下：

- 節省開發成本：如果你留意身邊的軟體系統，就會發現大部分的畫面是執行這一類的功能，使用產生器來建立這些功能，表示你可以減少每個 CRUD 功能的開發時間，進而降低整個系統的開發成本。

- 新于快速上手：程式新手通常需要一些時間才能正式投入生產，透過產生器，你只要了解畫面的操作方式，不必了解裡面的程式邏輯，即可投入系統的生產行列。

- 標準化：產生器是一體兩面，一方面提供便利性，另一方面限制你對於標準化功能的撰寫方式，在團隊開發時，可以降低因個人化因素而造成的系統複雜度及維護成本的增加。

- 所產生的 CRUD 功能可以維護多個資料表。

- 處理複雜的情形：每個功能都可能有例外狀況，產生器會預留一些窗口讓你撰寫程式來處理這些特殊的情形。

5-1　MVC 架構

我們使用 MVC 架構來開發 Web 系統，實作上會包含 Controller、Service、View 這些檔案，Model 則是在需要的時候才使用。

- Controller：Controller 用來處理前端的 Request 和 Respond，以及控制存取的權限。考慮到程式的重複使用，我們將存取資料庫功能寫在 Service 這一層，Controller 的內容則會相對簡單。

- Service：每個 CRUD 功能會包含兩個服務：一個是讀取資料，檔案名稱結尾是 Read；另一個是更新資料，檔案名稱結尾是 Edit，以此來與其他服務檔案作區別，圖 5-1 是 DbAdm/Services 目錄下的 CRUD 檔案：

圖 5-1　DbAdm Services 目錄

- Model：這裡的 CRUD 功能使用 ADO.NET 來存取資料庫，在運作時並不需要 Entity Model，我們使用 JSON 做為前後端的資料傳遞格式。這樣的設計有兩個原因，第一是 CRUD 功能在操作上能具備高度一致性，透過模組化的包裝，大部分的程式碼都可以放到元件裡面，並能大幅減少每個功能所需要個別撰寫的程式碼；第二是利用 JSON 來傳遞資料，可以很大程度減少 Model 檔案的數量，讓系統更簡潔。

- View：系統利用 jQuery Pjax 以 SPA 的方式來載入每個 CRUD 功能頁面，以降低網路的傳輸量，優化使用者體驗。使用者在 CRUD 頁面的任何操作，都不會重新載入任何頁面（F5 除外），這時候系統只會透過 JSON 資料的傳遞來溝通前後端程式。

每個 CRUD 功能包含兩個操作畫面：列表畫面和編輯畫面，檔案名稱分別為 Read.cshtml 和 Edit.cshtml；在某些時候我們可能會因為多國語或其他原因，把 Edid.cshtml 的內容放到 Read.cshtml 檔案裡面。

5-2　相關資料表

CRUD 產生器會存取以下五個資料表：

- Crud：CRUD 設定。

- CrudQitem：CRUD 查詢條件欄位。

- CrudRitem：CRUD 查詢結果欄位。

- CrudEtable：CRUD 維護資料表。

- CrudEitem：CRUD 維護資料表的欄位。

資料表之間的關聯如圖 5-2，其中箭頭表示一對多關聯：

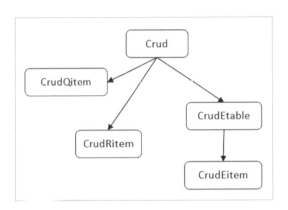

圖 5-2　CRUD 產生器相關資料表的關聯

5-3　CRUD 維護作業

CRUD 產生器包含列表畫面和編輯畫面，它的執行程式位於 DbAdm 系統的「CRUD 維護」作業，在圖 5-3 的編輯畫面中，根據所存取的資料表，可以分成五個區域。因篇幅限制，多筆資料區域的資料筆數經過縮減處理；以下就這五個區域的內容做說明。

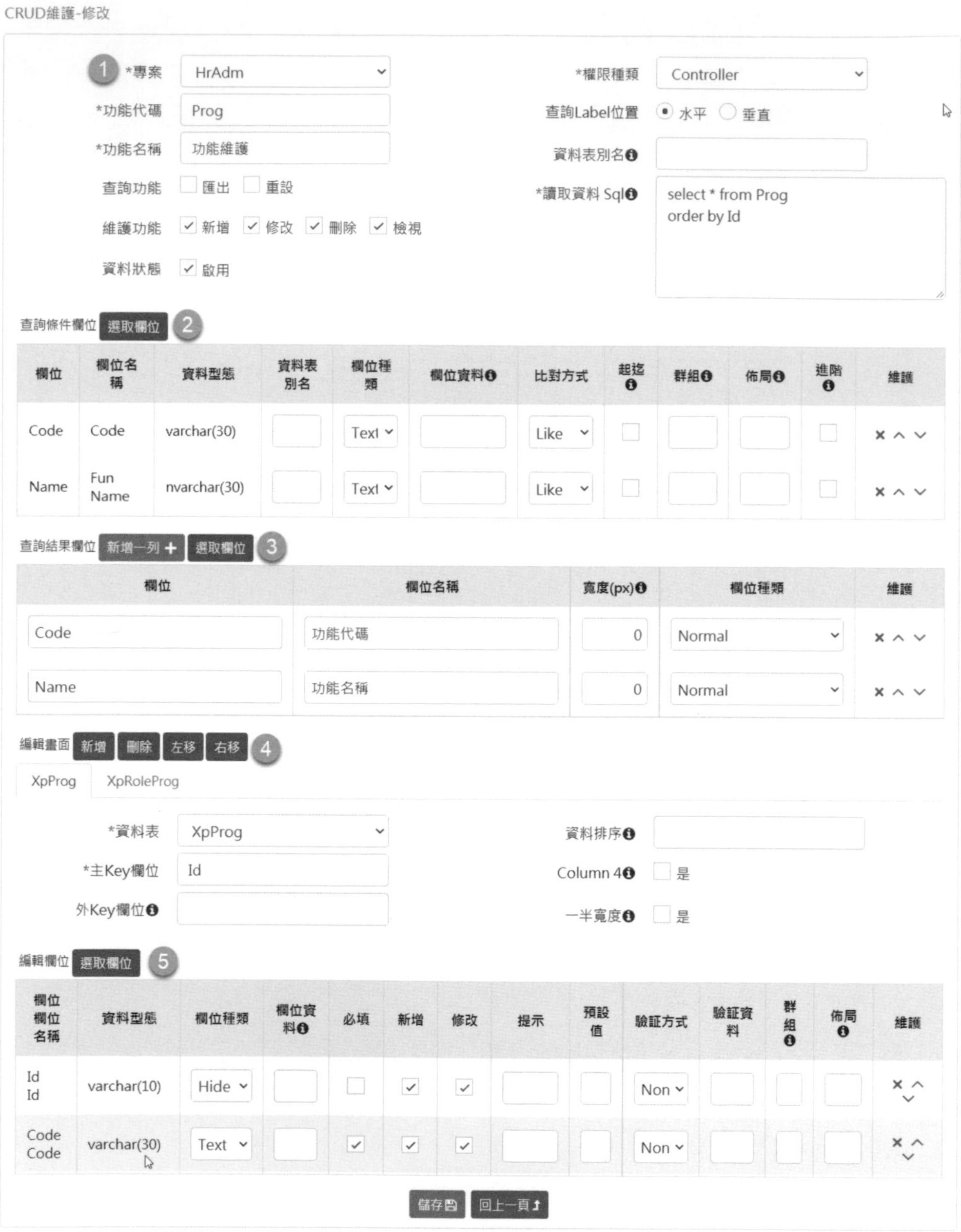

圖 5-3 CRUD 編輯畫面的結構

一、CRUD 設定欄位

這個區域會對應到 Crud 資料表，欄位的內容如下：

- 專案：代表這筆資料所屬的專案，執行產生器的功能時會讀取對應的資料庫，並且將檔案產生在專案所設定的路徑下。

- 功能代碼：系統利用這個欄位作為產生的 MVC 的檔案名稱。

- 功能名稱：顯示名稱，即為功能表上面的名稱。

- 查詢功能：是否顯示查詢條件區域的功能按鈕，這些按鈕包含：匯出、重設，如果顯示匯出按鈕則必須撰寫相對應的程式碼。

- 維護功能：是否顯示查詢結果區域的維護功能按鈕，「新增」按鈕會出現在區域上方，其餘按鈕會顯示在每一筆資料後面，包含：修改，刪除，檢視。

- 資料狀態：表示這筆資料的狀態為啟用或是停用，在許多情況下，系統會忽略停用的資料。

- 權限種類：如果你設定這個欄位，系統會在所產生的 Controller 檔案加上權限設定資料，這個資料是一種 Filter，當使用者呼叫執行 Controller 或 Action 時，系統會先執行這個 Filter 來檢查使用者的權限，如果沒有權限，系統將回覆權限不足訊息。

- 查詢 Label 位置：代表查詢欄位標題的位置是在輸入欄位的左側（水平），還是上方（垂直）。

- 資料表別名：對應到畫面下方的「讀取資料 SQL」欄位所包含的資料表別名，如果沒有，則本欄位為空白。

- 讀取資料 SQL：查詢資料時的 SQL 內容，它必須包含 order by 字串，系統才能正確處理分頁功能。查詢時系統會使用這個欄位的內容，同時加入使用者輸入的查詢條件，以及需要顯示的筆數和頁次來讀取資料庫。

二、查詢條件欄位

這個區域用來維護多筆 CrudQitem 資料，許多區域都有「選取欄位」這個按鈕，點擊這個按鈕時，會出現一個彈出式視窗，讓你選取需要的欄位，如圖 5-4：

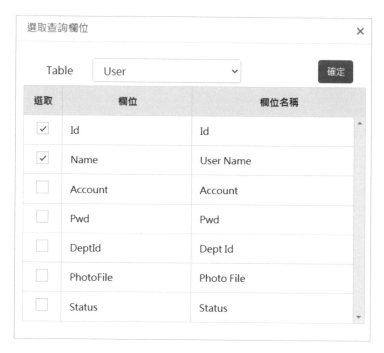

圖 5-4　選取欄位畫面

按下「確定」按鈕後，這些選取的欄位會被帶回原畫面的區域內；另外表格標題列如果有紅色星號 *，代表欄位為必填，ⓘ 圖示可以顯示提示訊息。這個區域內的欄位說明如下：

■ 欄位、欄位名稱、資料型態是從 Column 資料表帶過來的唯讀欄位。

■ 資料表別名：如果此欄位的資料表不同於 Crud 主資料表，則必須填寫。

- 欄位種類：表示欄位的輸入方式，有文字、下拉欄位、日期欄位…等對應到自訂輸入欄位，如果下拉式內容前面有星號 *，則表示必須填寫後面的「欄位資料」。

- 欄位資料：配合前面的「欄位種類」，標題列後面的 ❶ 圖示會提示這個欄位的填寫方式。

- 比對方式：表示查詢時資料的比對方式，有：=（等於）、like、in…等。

- 起迄：如果勾選，則這個欄位會以開始、結束兩個輸入欄位的方式出現，一般用在日期欄位。

- 群組：如果填寫，則相同群組的欄位會放在同一行。

- 佈局：表示欄位標題和輸入欄位的寬度，填寫內容為 Bootstrap Grid 單位，最大的寬度為 12，中間以逗號分隔，例如：2,3，如果空白，則會使用系統預設的寬度。

- 進階：如果勾選，則這個欄位會放入進階查詢區域，當查詢欄位的數目比較多時，我們會將一些欄位放入這個區域，它會在使用者點選「進階」這個按鈕時顯示或隱藏。

三、查詢結果欄位

用來維護多筆 CrudRitem 資料表，這些欄位會使用 jQuery.Datatables 元件來呈現，欄位內容如下：

- 欄位：內容為欄位代碼，而這個代碼必須存在於區域 (1) 的資料查詢 SQL 的欄位清單裡面，或是你也可以在 JavaScript 裡面自行定義這個欄位要顯示的內容。

- 欄位名稱：欄位顯示標題。

- 欄位寬度：欄位的寬度，以 pixel 為單位，空白或 0 表示由系統平均分配寬度。

- 欄位種類：欄位顯示的方式，一般為 Normal。

四、維護資料表

用來維護多筆 CrudEtable 資料表，畫面上每個 Tab 元素會對應到一個資料表，欄位內容如下：

- 資料表：所要維護的資料表名稱。

- 主 Key 欄位：主鍵欄位名稱。

- 外 Key 欄位：外部鍵欄位名稱，如果是關聯資料表（第二個及以後的資料表），則此欄位不可空白。

- 資料排序：用來排序多筆資料，使用於關聯資料表。

- Column 4：表示四個常用的維護欄位：建檔人員、建檔日期、修改人員，及修改日期，如果勾選，則系統會在新增或修改資料時，自動填入這四個欄位的內容，欄位名稱預設為 Creator、Created、Reviser、Revised，你也可以自行指定。

- 一半寬度：編輯區域是否使用一半寬度。當編輯欄位數目比較少的時候，會勾選這個欄位，讓畫面比較美觀。

五、維護欄位

維護多筆 CrudEitem 資料，欄位的內容如下：

- 欄位、欄位名稱、資料型態：參考區域 (2) 。

- 欄位種類：參考區域 (2) 。

- 欄位資料：參考區域 (2) 。

- 必填：是否必填。

- 新增：新增時此欄位是否可編輯，如果不行，將呈現唯讀狀態。

- 修改：修改時此欄位是否可編輯。

- 提示：欄位提示訊息。

- 預設：預設值。

- 驗證方式：欄位檢查方式，如果下拉式內容前面有星號，表示必須填寫後面的「驗證資料」。

- 驗證資料：配合前面的「驗證方式」，標題列後面的 ❸ 圖示會提示這個欄位的填寫方式。

- 群組：參考區域 (2)。

- 佈局：參考區域 (2)。

5-4　範本檔案

在 MVC 的架構下，CRUD 產生器會為每一個 CRUD 功能產生六個檔案，分別是一個 Controller、兩個 Service、兩個 View、一個 JavaScript 檔案。在產生這些檔案時，系統會讀取我們事先建立的六個範本檔案，把資料填入檔案內的指定位置，再輸出檔案到專案所指定的目錄。

這裡我們要使用 HandleBars 這個套件，它是一個模板引擎，在 Nuget 上有很高的下載量，用途是將欄位內容填入字串內的指定位置。這些範本檔案位於 _template 目錄底下，如果你開啟它的檔案內容，會發現裡面包含許多結構以及邏輯控制的語法，所有語法都必須遵循 HandleBars 的規定，以 HrAdm 的「5. 用戶管理」這個功能為例，它的功能名稱為 User，這些範本所產生的對應檔案如下：

- Controller.txt：產生 Controllers/UserController.cs 檔案。

- ReadService.txt：產生 Services/UserRead.cs，用來查詢資料。

- EditService.txt：產生 Services/UserEdit.cs，用來編輯資料。

- ReadView.txt：產生 Views/User/Read.cshtml，內容為列表畫面。

- EditView.txt：產生 Views/User/Edit.cshtml，內容為編輯畫面。

- JS.txt：產生 wwwroot/js/view/User.js，JavaScript 檔案。

5-5 產生 CRUD 檔案

前面的說明是關於 CRUD 產生器的設計，了解這些內容有助於你產生更正確的結果，減少事後的調整和修改。接下來我們要介紹如何產生一個 CRUD 功能，以及在這個過程中要注意的事項。

一、建立一筆 CRUD 資料

進入 DbAdm 的「CRUD 維護」作業，新增一筆資料，並且填入需要的欄位資料；在這之前，你必須先在「專案維護」功能建立一筆資料，同時指定對應的資料庫和專案路徑來儲存檔案。

二、產生檔案

回到「CRUD 維護」作業的列表畫面，勾選需要的資料後按下「產生 CRUD」按鈕，系統即會在專案所指定的路徑下自動產生這些檔案，操作畫面如圖 5-5：

CRUD維護

選取	專案	功能代碼	維護	資料狀態	建立時間
☐	HrAdm	CustInput2	✎ ✕	正常	2021/03/20 18:50:37

每頁顯示 10 筆, 第1至1筆, 總共1筆 |< < 1 > >|

專案 -請選取- ∨ 查詢 🔍
功能代碼 CustInput
新增 ＋   產生CRUD

圖 5-5 CRUD 維護作業的產生 CRUD 按鈕

在產生檔案的時候，如果原本的檔案已經存在，則系統除了產生新的檔案，也會在舊檔案後面加上序號，方便你做比對，如圖 5-6：

圖 5-6　CRUD 檔案輸出目錄

產生出來的 CRUD 功能包含兩個操作畫面，分別為列表畫面、編輯畫面，以「用戶管理」為例，它們分別如圖 5-7、圖 5-8：

圖 5-7　用戶管理作業的列表畫面

5.用戶管理-修改

*帳號	aa
*使用者名稱	Alex Chen
密碼	••
部門	研發部 ⌄
資料狀態	✓ 啟用
角色清單	☐ 部門主管 ✓ 個人 ☐ 管理者

儲存💾 回上一頁⬆

圖 5-8 用戶管理作業的編輯畫面

三、檢查 TODO 標記

我們先透過 Visual Studio 工具列的「延伸模組」→「管理延伸模組」安裝「Selection and TODO Highlighter」這個工具，讓你可以方便檢視 TODO 標記。如果你的 CRUD 功能的編輯畫面包含檔案上傳欄位，則系統會在所產生的檔案中加註 TODO 標記，方便你手動調整這些程式碼，以 HrAdm 的「9. 自訂輸入欄位」（CustInput） 這個功能為例，系統所產生的 Controller 檔案為 CustInputController.cs， 裡面有三個 TODO 標記，如圖 5-9：

```
[HttpPost]
//TODO: add your code, tSn_fid ex: t03_FileName
0 references
public async Task<JsonResult> Create(string json, IFormFile t0_FldFile)
{
    //_Fun.Except();
    return Json(await EditService().CreateAsnyc(_Json.StrToJson(json), t0_FldFil
}

[HttpPost]
//TODO: add your code, tSn_fid ex: t03_FileName
0 references
public async Task<JsonResult> Update(string key, string json, IFormFile t0_FldFi
{
    //_Fun.Except();
    return Json(await EditService().UpdateAsnyc(key, _Json.StrToJson(json), t0_F
}

//TODO: add your code
//get file/image
0 references
public FileResult ViewFile(string table, string fid, string key, string ext)
{
    //for testing exception
    //_Fun.Except();

    return _Xp.ViewCustInput(fid, key, ext);
}
```

圖 5-9 Controller 檔案的 TODO 標記

在 Create、Update 這兩個 Action 你必須定義上傳檔案的變數名稱,它有一個簡單的規則就是:t + 資料表序號 + 底線 + 欄位名稱,如畫面中的 t0_FldFile;ViewFile Action 的內容則是用來處理使用者檢視檔案時的動作。另外,在產生的 JavaScript 檔案的 CustInput.js 中,還要處理使用者檢視檔案時的前端動作,程式內容如圖 5-10:

```
//TODO: add your code
//onclick viewFile, called by XiFile component
onViewFile: function (table, fid, elm) {
    _me.edit0.onViewFile(table, fid, elm);
},
```

圖 5-10 JavaScript 檔案的 TODO 標記

四、執行與測試

產生 CRUD 檔案與修改 TODO 之後，你可以在 Visual Studio 編譯這個專案，看看是否有任何錯誤，編譯之前先確定這六個產出的檔案是否都已經加入專案。編譯完成之後即可啟動專案，以「CustInput」為例，你可以直接將瀏覽器的網址後面改成這個功能的列表畫面即可：CustInput/Read，在畫面的操作上，有以下幾個檢查的重點：

- 列表畫面是否正常顯示。

- 查詢條件和查詢結果是否符合。

- 列表畫面上的功能按鈕是否正常。

- 列表畫面的分頁功能是否正常。

- 按下新增或修改時，編輯畫面是否正常顯示。

- 資料儲存的結果是否正確。

另外，操作畫面時系統的任何訊息都會寫入 _log 目錄下的檔案，你可以從這些記錄來檢查系統的正確性，其中檔案名稱結尾為 sql 代表存取資料庫的 sql；info 代表一般訊息；error 則代表錯誤，如圖 5-11：

圖 5-11 _log 目錄

5-6 程式解說

執行產生 CRUD 功能時，系統會呼叫 DbAdm/Services/GenCrudService.cs 的 GenByCrudIdAsync 函數，它的程式結構如圖 5-12：

```
private async Task<bool> GenByCrudIdAsync(string crudId)
{
    1.check & get crud related rows

    2.set fields: crud.RsItemStrs && IsGroup, IsGroupStart, IsGroupEnd

    3.set fields: crud.Ritems, crud.JsColDefStrs

    4.set fields: EditSelectCols(ReadSelectCols already done)

    5.set fields crud.MainTable, crud.ChildTables

    //generate crud files
    var isManyEdit = (etables.Count > 1);
    var projectPath = _Str.AddAntiSlash(crud.ProjectPath);
    for (i = 0; i < _crudFileLen; i = i + 3)
    {
        6.read template file to string

        //7.template string replace
        var mustache = Handlebars.Compile(tplStr);
        var result = HttpUtility.HtmlDecode(mustache(crud));

        8.rename existed file if need

        //9.save file
        _File.MakeDir(toDir);   //create folder when need
        await _File.StrToFileAsync(result, toFile);
    }//for

    //case of ok
    return true;

lab_error:
    _Log.Error("GenCrudService.cs GenByCrudIdAsync() error: " + error);
    return false;
}
```

圖 5-12 CRUD 產生器程式的結構

程式解說

(1) 檢查資料：系統會傳入一個 crudId 變數，它會對應到資料庫的 Crud. Id 欄位，由使用者從操作畫面傳入，系統利用這個變數來檢查資料庫 裡面的相關資料是否存在。

(2-5) 這四個步驟用來整理六個範本檔案中所需要的欄位資料，因為判斷的 邏輯較多，所以分成幾個步驟。以範本 Controller.txt 為例，它的檔案 部分內容如圖 5-13，框線內是我們預計要填入的欄位資料：

```
20
21    namespace {{Project}} Controllers
22    {
23        {{#if AuthType1}}
24        [XgProgAuth]
25        {{/if}}
26        public class {{ProgCode}}Controller : XpCtrl
27        {
28            {{#if AuthType2}}
29            [XgProgAuth(CrudFunEnum.Read)]
30            {{/if}}
31            public ActionResult Read()
32            {
33                {{#if ReadSelectCols}}
34                //for read view
35                    {{#each ReadSelectCols}}
36                ViewBag.{{this}} = _XpCode.Get{{this}}();
37                    {{/each}}
38                {{/if}}
39                {{#if EditSelectCols}}
```

圖 5-13　Controller 範本檔案的內容

(6) 讀取範本檔案的內容。

(7) 把步驟 2-5 所整理的欄位資料填入範本檔案字串。

(8) 如果要產生的檔案已經存在，則修改舊檔案的名稱。

(9) 把產生的新字串輸出成為檔案。

chapter 6

開發環境設定

6-1 ASP.NET Core

微軟在 2020 年 11 月正式發布了 .NET Core 5,這是一個開發各種應用系統的平台,在使用上有很好的穩定性和便利性,可以想像將來會越來越普及。這裡我們主要開發 Web 系統,同時選擇其中的 ASP.NET Core 做為軟體積木和系統的開發環境,所謂軟體積木指的是經過模組化的可重複使用的程式。模組化是開發系統常見的方式,目的是累積框架、提升系統開發的效率和穩定性。我們主要以兩個 Web 專案做為範例和說明,一個是資料庫文件系統(DbAdm),其主要功能是產生資料庫文件和 CRUD 產生器;另一個是人事管理系統(HrAdm),它包含較多的功能,可以做為開發人員的參考範例。以下是我們在 ASP.NET Core 的使用情形。

一、依賴注入

依賴注入(Dependency Injection,簡稱 DI)是 .NET Core 的重要部分,它的其中一個目的是降低程式之間的隅合。做法是在系統的啟動程式中將服務註冊在 DI 容器裡面,在需要使用的地方注入這個服務,再以參數的方式將服務傳送到其他程式。在實務上我們會先將 DI 容器存到一個變數,然後就可以在任何程式利用這個容器來獲得服務,省去注入的動作。

圖 6-1 是 DbAdm 系統中 Startup.cs 的 Configure 函數內容，框線內即是 DI 容器，資料型態為 IServiceProvider，在呼叫靜態類別 _Fun 的 Init 函數後，此容器會被存入變數。

```
public void Configure(IApplicationBuilder app, IWebHostEnvironment env)
{
    //initial & set locale
    _Fun.Init(env.IsDevelopment(), app.ApplicationServices, DbTypeEnum.MSSql
    _Locale.SetCulture(_Fun.Config.Locale);

    if (env.IsDevelopment())
    {
        //app.UseDeveloperExceptionPage();
        app.UseExceptionHandler("/Home/Error");
    }
    else
```

圖 6-1 _Fun 的 Init 函數傳入 DI 容器

圖 6-2 是 BaseApi/Services/_Http.cs 的 GetHttp 函數，它的用途是傳回目前的 HttpContext 物件，在程式中 _Fun.DiBox 會傳回這個 DI 容器，我們可以透過它來讀取容器內已註冊的服務：

```
public static HttpContext GetHttp()
{
    var service = (IHttpContextAccessor) _Fun.DiBox.GetService
    return service.HttpContext;
}
```

圖 6-2 讀取 DI 容器

二、View Component

View Component 是 ASP.NET Core 建立視覺化元件的方法，它跟前一個版本 ASP.NET Framework 有不小的差異，這裡我們要配合新的做法。元件是模組化的基礎，Web 系統視覺化元件的內容實際上就是 HTML 字串，透過這種方法，我們可以把許多經常出現的內容做成公用元件，提供其他程式使用，以減少重複的程式碼。

我們主要建立兩種 View Component，第一是自訂輸入欄位，元件名稱前面加上 Xi，第二種是一些重複使用的元件，名稱前面加上 Xg 來做為區別。以 BaseWeb/ViewComponents/XgAddRowViewComponent.cs 為例，它是編輯畫面的「新增一列」按鈕。我們可以先建立一個類別並且繼承 ViewComponent，然後在 Invoke 函數傳回 HTML 字串的內容即可，程式內容如下：

```
public class XgAddRowViewComponent : ViewComponent
{
    public HtmlString Invoke(string fnOnClick)
    {
        var html = string.Format(@"
<button type='button' onclick='{0}' class='btn btn-success xg-btn-size'>{1}
    <i class='ico-plus'></i>
</button>
", fnOnClick, _Locale.GetBaseRes().BtnAddRow);

        return new HtmlString(html);
    }
}//class
```

DbAdm「資料表維護」編輯畫面的檔案路徑為 Views/Table/Edit.cshtml，它引用這個元件的語法如圖 6-3：

```
@* 2.Column *@
<div class='xg-btns-box'>
    @await Component.InvokeAsync("XgAddRow", "_me.mCol.onAddRow()")
</div>
<form id='eformCol' class='xg-form' style="border:none">
    <table class="table table-bordered xg-table xg-no-hline" cellspa
        <thead>
            <tr>
```

圖 6-3 在 View 檔案中引用自訂元件

三、Entity Framework

Entity Framework（EF）是一個強型別工具，在存取資料庫時有很大的方便性，使用前你必須先建立 Entity Model，它會對應到資料表和欄位。在這裡我們使用 Scaffold-DbContext 來建立 Entity Model，以 DbAdm 專案為例，則是在 NuGet console 輸入以下指令：

```
Scaffold-DbContext "Name=FunConfig:Db" Microsoft.EntityFrameworkCore.SqlServer
-Project DbAdm -context MyContext -OutputDir Tables -Force -NoPluralize
-UseDatabaseNames
```

其中參數的說明如下：

- -Project DbAdm：專案為 DbAdm。

- -context MyContext：產生 DbContext 的檔案名稱為 MyContext.cs。

- -OutputDir Tables：輸出目錄為 Tables。

- -Force：強制覆寫。

- -NoPluralize：Entity Model 的類別名稱與資料表相同，不做複數化處理。

- -UseDatabaseNames：Entity Model 的屬性名稱與資料表欄位名稱相同，不做特殊處理。

另外，上面的 Name=FunConfig:Db 表示這個指令會從 appsettings.json FunConfig 區段的 Db 欄位讀取資料庫連線字串，如圖 6-4：

```
"FunConfig": {
  "Db": "Data Source=(localdb)\\mssqllocaldb;Initial Catalog=Db;Integrated
  "Locale": "zh-TW",
  "LogSql": "true",
  "LogDebug": "true",
  /* Smtp: 0(Host),1(Port),2(Ssl),3(Id),4(Pwd),5(FromEmail),6(FromName) */
  "Smtp": ""
}
```

圖 6-4 appsettings.json 的資料庫連線設定欄位

執行成功後，在 DbAdm 的 Tables 目錄下會產生這些類別檔案，如下：

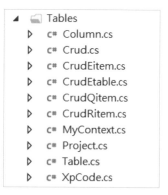

圖 6-5　產生 Entity Model

每次重新產生後，都必須手動修改 MyContext.cs 的內容（同時引用 Namespace），如圖 6-6，在系統啟動時，我們會把 appsettings.json 的部分內容存到 _Fun 靜態類別的 Config 變數：

```
protected override void OnConfiguring(DbContextOptionsBuilder optionsBuilder)
{
    if (!optionsBuilder.IsConfigured)
    {
        optionsBuilder.UseSqlServer(_Fun.Config.Db);
    }
}
```

圖 6-6　手動修改 MyContext.cs

在 DbAdm 系統中我們使用 EF 來處理的工作有：產生資料庫文件、CRUD 產生器，至於最基本的 CRUD 功能，則是使用 ADO.NET 來存取資料庫而不是 EF，主要的原因是 ADO.NET 比較容易達到模組化的目的，可以大幅減少程式碼的數量。

6-2　後端套件

為了方便系統的開發，我們要使用以下的後端第三方套件，這些套件你可以利用 NuGet 尋找到它們的套件名稱來安裝，說明如下：

- BuildBundlerMinifier：合併壓縮 JavaScript 和 CSS 檔案，設定檔為 bundleconfig.json，所產生出來的檔案分別位於 wwwroot 的 css 和 js 目錄下，這些檔案有：lib.css、lib.js、my.css、my.css，壓縮檔檔名會包含 min 字串，例如 lib.min.css；lib 表示外部函式庫，my 表示專案本身的檔案。除此之外，wwwroot/locale 目錄下的多國語檔案也會產生個別語系的合併檔案，例如繁體中文為 zh-TW.js，這些檔案會在 _Layout.cshtml 被載入。

- Handlebars：c# 樣版引擎，在「第 5 章　CRUD 產生器」使用這個功能。

- Newtonsoft.Json：取代系統預設的 System.Text.Json。

- OpenXml SDK：這是微軟官方的函式庫，用來存取 Office 檔案，例如 Word、Excel…等。

6-3　JavaScript 套件

在處理前端程式時，除了最基本的 jQuery、Bootstrap，我們還使用了以下前端套件：

- Bootstrap DatePicker：日期輸入欄位。

- jQuery Datatables：多筆資料分頁顯示。

- jQuery Pjax：局部更新畫面資料，用於 SPA 功能。

- jQuery Validate：輸入欄位驗證。

- jsPlumb：流程圖工具。

- moment：處理日期格式資料。

- mustache：JavaScript 樣版引擎，功能上類似上面的 HandleBars。

- Summernote：HTML 編輯欄位。

6-4 組態設定

每個系統會有自己的組態，我們把 HrAdm 的組態記錄在 appsettings.json 的 FunConfig 區段，它的欄位內容會對應到 ConfigDto.cs，類別屬性說明如下：

- SystemName：系統名稱。

- Locale：預設的多國語系。

- ServerId：主機代碼，多個 Web 主機時使用不同的代碼。

- SlowSql：SQL 執行時間超過這個毫秒數時，會寫入錯誤記錄檔。

- LogDebug：是否記錄除錯資訊。

- LogSql：是否記錄 SQL。

- RootEmail：管理者 Email，系統發生錯誤時通知管理者。

- TesterEmail：測試者 Email，如果有值，則所有 Email 都會轉寄到這裡，以防止在測試期間誤寄 Email。

- UploadFileMax：上傳檔案大小的上限，單位為 MB。

- SSL：是否使用 SSL。

- Smtp：寄送 Email 的 SMTP 設定。

6-5　Session

Session 的用途是記錄登入者的相關資訊，當 Web 系統包含不同的登入者時，就必須考慮這個問題，這裡我們要處理的 Session 資料包含：登入者基本資料、多國語系、日期格式、系統功能權限。

根據目前的官網資料，ASP.NET Core 可以使用的 Session 機制有：Memory Cache、Redis、SQL Server、NCache。以下程式碼是 HrAdm/Startup.cs 所使用的 Memory Cache 方式，它適合單一 Web 主機的執行環境，其中 Session 的有效時間設定為 60 分鐘：

```
//7.session (memory cache)
services.AddDistributedMemoryCache();
services.AddSession(opts =>
{
    opts.Cookie.HttpOnly = true;
    opts.Cookie.IsEssential = true;
    opts.IdleTimeout = TimeSpan.FromMinutes(60);
});
```

Session 預設存取字串資料，這對程式有些不方便，所以我們建立了一個擴充程式 BaseWeb/Extensions/SessionExtension.cs，它包含一組 Get、Set 函數讓你可以存取 Object 型態的資料，程式內容如下：

```
public static class SessionExtension
{
    public static void Set<T>(this ISession session, string key, T value)
    {
        session.SetString(key, _Model.ToJsonStr(value));
    }

    public static T Get<T>(this ISession session, string key)
    {
        var value = session.GetString(key);
        return (value == null)
```

```
        ? default
        : JsonConvert.DeserializeObject<T>(value);
    }
}
```

針對以上的擴充方法，簡單的範例如下，其中 _Http.GetSession() 會傳回 ISession，_Fun.BaseUser 的內容為字串，用來做為 Session Key：

```
//get sample, _Fun.BaseUser is a session key
var userInfo = _Http.GetSession().Get<BaseUserDto>(_Fun.BaseUser);

//set sample
_Http.GetSession().Set(_Fun.BaseUser, userInfo);
```

如果系統發佈在多台 Web 主機，則可以考慮使用 Redis 來處理 Session，它的步驟為：

■ 安裝 Redis Server。

■ 在 Visual Studio 安裝 Microsoft.Extensions.Caching.
StackExchangeRedis 套件。

■ 在 Startup.cs 註冊 Redis 服務，同時指定它的 IP、Port。

跟前一個版本 ASP.NET MVC 相比，這個版本的方法變的很簡單，如在以下程式碼中將 Memory Cache 改成 Redis，其他存取 Session 的程式則不需要做任何修改：

```
//services.AddDistributedMemoryCache();
services.AddStackExchangeRedisCache (opts => {
    opts.Configuration = "127.0.0.1:6379";
});
```

登入 HrAdm 後系統會寫入一筆 Session 資料，圖 6-7 是利用 redis-cli 工具程式來讀取 Redis Server 內容的畫面，畫面中 Redis Server 有一筆 Hash

資料，儲存內容是多組 Key-Value 資料，其中的 data 欄位內容就是我們在 HrAdm 寫入的登入者相關資料。

圖 6-7　Redis Server 的資料內容

6-6　公用專案

我們會把許多可以重複利用的程式放到公用的專案，來減少重複性的工作，並且讓系統更容易維護，這些程式依照是否跟 Web 有關，分成 Base、BaseApi 和 BaseWeb 三個專案，詳細內容可參考「第 18 章　公用程式」，以下是這三個專案的說明：

一、Base

這個專案主要功能是：基本的資料處理、檔案存取、CRUD 服務程式，所有專案皆必須參照它，它有三個目錄：

- Enums：它是列舉的資料型態，檔案名稱後面為 Enum 表示正規的列舉類別，其屬性的資料型態為數值；如果後面是 Estr 則是為了方便開發而建立的類別，其屬性的資料型態為字串常數。

■ Models：它的用途類似結構，這些類別通常只有屬性，沒有方法。

■ Services：這是該專案的主要內容，檔案名稱的開頭為底線，表示靜態類別，可以直接呼叫其中的類別方法，從檔案名稱可以大致了解該類別的用途。

二、BaseApi

內容為 Web API 有關的公用程式，目前只有兩個檔案：
ApiCtrl.cs、_Http.cs。

三、BaseWeb

內容是跟 Web 有關的公用程式，以及自訂的 UI 元件，所有 Web 專案必須參照，它有以下四個目錄：

■ Attributes：內容為 Filter 程式，用在 Controller 類別。

■ Extensions：擴充程式。

■ Services：主要的服務程式，從檔案名稱可以大致了解該類別的用途。

■ ViewComponents：自訂 UI 元件，包括可重用元件（檔名為 Xg 開頭）和輸入欄位（Xi）。

6-7　Icon Font

Icon Font 用來顯示畫面的小向量圖，以達到美觀和操作指引的目的，在 Web 系統上已經用的很普遍，常見的像是 Font Awesome。這些檔案一般來說不小，對系統的效能也是一種負擔，所以在這裡我們使用 IcoMoon（https://icomoon.io/app）來選取所需要的圖示，簡化之後的檔案位於 wwwroot/css/fonts 目錄，大小約 40K，如圖 6-8：

icomoon.eot	8 KB
icomoon.svg	24 KB
icomoon.ttf	8 KB
icomoon.woff	8 KB

圖 6-8 IcoMoon 字型檔案

另外，在 wwwroot/css 目錄下有兩個相關的檔案：icomoon.css 是利用 IcoMoon 網站所產生的檔案，我們已經在 bundleconfig.json 載入；icomoon.json 是我們所選取的圖示，你可以利用這個檔案到 IcoMoon 選取其他圖示。

6-8 建立 Web 專案

建立一個完整的 Web 專案會有一些需要注意的地方，整理如下：

- 在 Visual Studio 新增一個 ASP.NET Core Application。

- 專案參照加入 Base、BaseWeb。

- 使用 NuGet 安裝所需要的套件。

- 把所需要函式庫的 JavaScript、CSS 檔案複製到 wwwroot 目錄下。

- 複製 HrAdm/wwwroot/css/base、HrAdm/wwwroot/js/base、HrAdm/wwwroot/locale 共三個目錄，這是基礎元件所需要的檔案。

- 維護 bundleconfig.json，處理 JavaScript、CSS 檔案的合併及壓縮。

- 建立所需要的資料庫。

- 維護 appsettings.json，設定系統組態和資料庫連線。

- 維護 Startup.cs，可參考「第 1 章 資料庫文件系統」、「第 4 章 人事管理系統」。

- 維護 _ViewImports.cshtml，加入頁面檔案所需要的 Namespace 參照。

- 維護 _Layout.cshtml，可參考「第 7 章 主畫面」。

- 視實際需要加入 Entity Model。

完成後即可編譯專案，檢查錯誤。

chapter 7

主畫面

每個管理系統都有一個主畫面，它需要處理以下工作：登入系統、顯示主畫面、顯示功能項目、載入底層共用程式、載入個別功能畫面；我們希望可以透過適度的模組化，來降低前述這些工作的成本，以下說明以 HrAdm 系統為例。

7-1 畫面結構

HrAdm 登入後的主畫面如圖 7-1，每個區域的用途為：

1. 縮放功能表圖示，可以增加右邊作業區域的空間。

2. 顯示系統名稱。

3. 功能按鈕，包含：首頁圖示、用戶名稱、登出圖示。

4. 可以執行的功能清單。

5. 單一功能的作業區域。

圖 7-1　HrAdm 主畫面的結構

7-2　登入畫面

每個系統的登入畫面都會有些不同，基本的功能是驗證登入資訊是否正確；因為它是系統的第一個顯示頁面，如果登入失敗，便不用再載入後續的程式，所以我們會把登入畫面載入的檔案數量最少化，並且盡量不使用第三方套件，讓畫面能有比較好的反應速度，它的畫面如圖 7-2：

Login Form

User Account

Password

Sign In

圖 7-2　登入畫面

成功登入後系統會把使用者的基本資料、語系寫入 Session，同時讀取該使用者權限範圍內的功能清單，然後顯示在功能表上面；這部分程式位於 HomeController.cs 的 Login Action，它的程式結構如圖 7-3：

```
public ActionResult Login(LoginVo vo)
{
    1.check input account & password

    #region 2.check DB password & get user info
    var sql = @"
select u.Id as UserId, u.Name as UserName, u.Pwd,
    u.DeptId, d.Name as DeptName
from dbo.[User] u
join dbo.Dept d on u.DeptId=d.Id
where u.Account=@Account
";

    var row = _Db.GetJson(sql, new List<object>() { "Account", vo.Account });
    //TODO: encode if need
    //if (row == null || row["Pwd"].ToString() != _Str.Md5(vo.Pwd))
    if (row == null || row["Pwd"].ToString() != vo.Pwd)
    {
        vo.AccountMsg = "input wrong.";
        goto lab_exit;
    }
    #endregion

    3.set base user info

    //4.set session of base user info
    _Web.GetSession().Set(_Fun.BaseUser, userInfo);    //extension method

    //5.redirect if need
    var url = string.IsNullOrEmpty(vo.FromUrl) ? "/Home/Index" : vo.FromUrl;
    return Redirect(url);

lab_exit:
    return View(vo);
}
```

圖 7-3 登入系統的程式結構

程式解說

(1) 檢查從前端傳入的帳密。

(2) 讀取資料庫比對傳入帳密是否正確，為防止 SQL Injection，這裡使用參數式 SQL 查詢。另外，目前資料庫的密碼欄位沒有加密，如果要改成 MD5 加密，可以改成在 TODO 下面這一行進行加密。

(3) 記錄使用者的基本資料，包含語系。

(4) 將資料寫入 Session。

(5) 成功登入後導到系統首頁或是指定的 URL。

7-3　功能表

功能表是使用者可以執行的功能清單，相關的資料表有 XpUserRole（使用者擁有的角色）、XpRoleProg（角色可執行的功能）。使用者成功登入後，系統會呼叫公用程式 _XpProg.GetAuthList 來讀取該用戶可以執行的功能清單，在系統開發的過程中，由於相關的資料表和功能可能還沒有完備，你可以暫時直接設定功能表的內容。以下是 HrAdm 的 _Layout.cshmtl 的部分內容，我們停用的第一行是實際從資料庫讀取可以執行的功能清單，改成直接設定這個清單內容，其中 R 為多國語變數，更多權限設定的邏輯請參考「第 14 章　系統功能權限」：

```
//var menus = SetMenuName(_Web.GetMenu());  //by user right
var menus = new List<MenuDto>()
{
    new MenuDto() { Name = R["MenuLeave"].Value, Url = "/Leave/Read" },
    new MenuDto() { Name = R["MenuLeaveSign"].Value,
        Url = "/LeaveSign/Read" },
    new MenuDto() { Name = R["MenuXpFlow"].Value, Url = "/XpFlow/Read" },
    new MenuDto() { Name = R["MenuXpFlowSign"].Value,
        Url = "/XpFlowSign/Read" },
```

每一個功能表項目會連結到個別的後端程式，當使用者點擊某個項目的連結後，系統只會把這個功能的頁面載入主畫面右邊的區域，而不必重新載入 _Layout.cshtml 這個檔案，這樣可以減少我們載入的區域、檔案和系統的執行時間，藉此來提升效能，為了達到這個目的在這裡我們使用 Pjax 這個套件。

7-4　jQuery Pjax

Pjax 是基於 jQuery 的一個 JavaScript 套件,它提供 PushState 和 Ajax 的功能,可以用來更新局部頁面,或是製作 SPA(Single Page Application)功能,我們在 bundleconfig.json 已經載入 jquery.pjax.js 做為基本的公用程式。系統啟動時會執行_pjax.init 函數,它會對所有具備 data-pjax 屬性的 HTML 元素綁定 Pjax 功能,內容如下:

```
init: function (boxFt) {
    var docu = $(document);
    docu.pjax('[data-pjax]', boxFt, { type: 'POST' });
    ...
```

同時我們在所有的功能表項目裡放置 data-pjax 屬性,來表示這個元素要觸發 Pjax 以實現 SPA 功能,如圖 7-4:

圖 7-4　功能表的 data-pjax 屬性

當使用者點擊這個功能表項目時,系統會啟動 Pjax 功能,然後呼叫後端
Action,在執行後端的 _ViewStart.cshtml 程式時,會同時傳入 X-PJAX 這
個欄位值,所以我們在這裡加上判斷,如果 X-PJAX 欄位值存在,則將
Layout 這個全域變數設為空值,讓系統以 Partial View 的方式傳回這個頁
面;如果使用者按下 F5 重整頁面,則不會傳送 X-PJAX 欄位,系統便會傳
回完整頁面,_ViewStart.cshtml 的內容如下:

```
@{
    var isPjax = !string.IsNullOrEmpty(_Web.GetRequest().Headers["X-PJAX"]);
    Layout = isPjax
        ? null
        : "~/Views/Shared/_Layout.cshtml";
    //_Log.Info(isPjax ? "is pjax" : "not pjax");
}
```

另外我們在最後加了一行 _Log.Info(xxx),它會寫入 info Log 檔案,檔案會
記錄文字內容如圖 7-5,你可以自行測試與驗證:

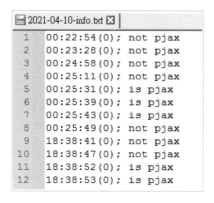

圖 7-5 後端監測 Pjax 請求的 Log 檔案內容

7-5 _Layout.cshtml

ASP.NET Core 應用程式預設的頁面配置檔案為 Views/Shared/_Layout. cshtml，我們會根據系統的執行環境是否為開發模式來決定要載入的 JavaScript 和 CSS 版本；所謂開發模式，代表你是從 Visual Studio 來執行 這個系統。一般來說，在開發模式下，我們會載入詳細的 JavaScript 檔案 以方便進行除錯工作；而在正式模式下，我們則會載入打包後的單一壓縮 檔案來提升系統效能。以下是它的 head、body 區段的程式碼：

```
<head>
    <meta charset="utf-8" />
    <title>@_Fun.Config.SystemName</title>
    <meta name="viewport" content="width=device-width, minimum-scale=1.0,
maximum-scale=1.0, user-scalable=no">

    <!-- 1.load css -->
    <link rel="stylesheet" href="~/css/lib@(min).css?v=@(_Xp.LibVer)" />
    <link rel="stylesheet" href="~/css/my@(min).css?v=@(_Xp.SiteVer)" />
    @RenderSection("styles", required: false)

    <!-- 2.load lib js -->
    <script src="~/js/lib@(min).js?v=@(_Xp.LibVer)"></script>

    <!-- 3.load my site js(debug/production mode) !! -->
    <environment include="Production">
        <script src="~/js/my@(min).js?v=@(_Xp.SiteVer)"></script>
    </environment>
    <environment include="Development">
        <!-- tail ver will load failed !! -->
        <script asp-src-include="~/js/base/*.js"></script>
        <script asp-src-include="~/js/view/_*.js"></script>
    </environment>

    <!-- 4.load local js -->
    <script src="~/js/@(locale+min).js?v=@(_Xp.SiteVer)"></script>

    @RenderSection("scripts", required: false)
```

```
    <!-- 5.initial -->
    <script type="text/javascript">
        $(function () {
            _fun.locale = '@(locale)';
            _xp.init();
        });
    </script>
</head>

<!-- 6.show view -->
<body>
    <!-- Top -->
    <partial name="_Top.cshtml" />

    @* set height=100% in parent , so that menu be fine for ie & firefox !! *@
    <div class="d-flex align-items-stretch" style="height:100%">
        <!-- left menu -->
        @await Component.InvokeAsync("XgLeftMenu", new { rows = menus })

        <!-- work area -->
        <div class="xu-body">
            @RenderBody()
        </div>
    </div>

    <!-- tool component -->
    @await Component.InvokeAsync("XgTool")
</body>
```

程式解說

(1) 載入函式庫和本專案的 CSS 檔案，分成兩個檔案的原因是它們異動的頻率不同，後面加上版號可以讓瀏覽器讀取快取資料，降低網路負載。另外其中的 min 變數用來控制載入的版本，在正式環境會載入壓縮的版本，而在開發環境下則是載入未壓縮版本。

(2) 載入函式庫的 JavaScript 檔案。

(3) 載入本專案的 JavaScript 檔案，在正式環境會載入壓縮的版本；但在開發環境時使用 asp-src-include 來載入某個目錄下的多個檔案，這時候的檔案是沒有壓縮的版本，這樣你可以利用瀏覽器的 F12 來檢視個別的 JavaScript 檔案內容，同時因為語法上不允許加入自訂的版號，如果你使用 asp-append-version＝"true"，系統就會在每個檔案後面加入不同的 Hash Code，檢視網頁內容如圖 7-6。經過我們考慮之後決定先不採用，因為在開發模式下必須注意這部分 JavaScript 檔案的 Cache 問題：

```
<!-- tail ver will load failed !! -->
<script src="/js/base/Datatable.js?v=BTh793kmVaBZFKDCL_9io76wGE3nW4Yeg5JO9x6Hdcc"></script>
<script src="/js/base/EditMany.js?v=uKXS4wkJQraomRQ1ywbVJeRk1gxP11ks9y-V6QKJgxU"></script>
<script src="/js/base/EditOne.js?v=4sQqTAR2RZkNnVAIcj7-aiIjodp-baiIkeAychzEdh4"></script>
<script src="/js/base/Flow.js?v=_GcX-r3D7CXKpG_155LOn9Tff-nWkov70LAG-3LG44E"></script>
<script src="/js/base/_ajax.js?v=mn0OUMZUpI-B2O4DfCfE8E-c_JrX-wWjdU9J6DopqAs"></script>
<script src="/js/base/_array.js?v=RMUiP7SBFS9Xmtk1Pyp2Zt9Gf_uMC6FB1PczbYYNkCU"></script>
<script src="/js/base/_assert.js?v=oUdsoedP15mNXNWXvdw6rgDU_UpMJ21BP6w5zghsr7lJ"></script>
```

圖 7-6 使用 **asp-append-version** 屬性的情形

(4) 載入基本元件所需要的多國語 JavaScript 檔案。

(5) 初始化設定。

(6) 顯示頁面，包含上方的系統名稱和按鈕、左邊的功能表，以及右邊的功能區域。另外最後載入的 XgTool 內容是許多小型元件，像是顯示訊息、使用者確認框。

圖 7-7 左邊是正式環境，它載入的是最小化的 JavaScript 檔案，右邊是開發環境，所載入的則是沒有壓縮的檔案。此外，在 base 這個目錄中包含的是必要的 JavaScript 基礎類別檔案，它的內容與正式環境所載入的 my.min.js 相同：

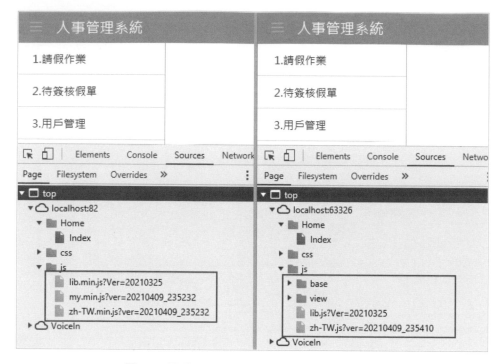

圖 7-7　開發和正式環境載入 JavaScript 比較

自訂輸入欄位

Web 系統的輸入欄位即是一般的 HTML 元素,它是系統中最基本的元件,使用者透過這些欄位與系統互動。預設的 HTML 輸入欄位較為簡單,使用時需要加入其他的 HTML 元素和屬性,不是很方便,所以在這裡我們使用 Asp.Net Core 的 View Component 來重新包裝這些輸入欄位,主要有兩個目的:

- 讓程式碼更精簡
- 加入其他功能:版面的配置、資料驗證、提示文字…等

另外,這些自訂欄位在運作時需要第三方元件,例如:資料驗證使用 jQuery Validation,日期欄位使用 Bootstrap Datepicker,HTML 編輯欄位則使用 Summernote。

8-1 外觀

在 HrAdm 系統中，我們建立了「9. 自訂輸入欄位」作業，從這裡可以看到全部的自訂輸入欄位，它的編輯畫面如圖 8-1，欄位以元件名稱排列，其中隱藏欄位 XiHide 因為屬性關係，沒有出現在畫面中：

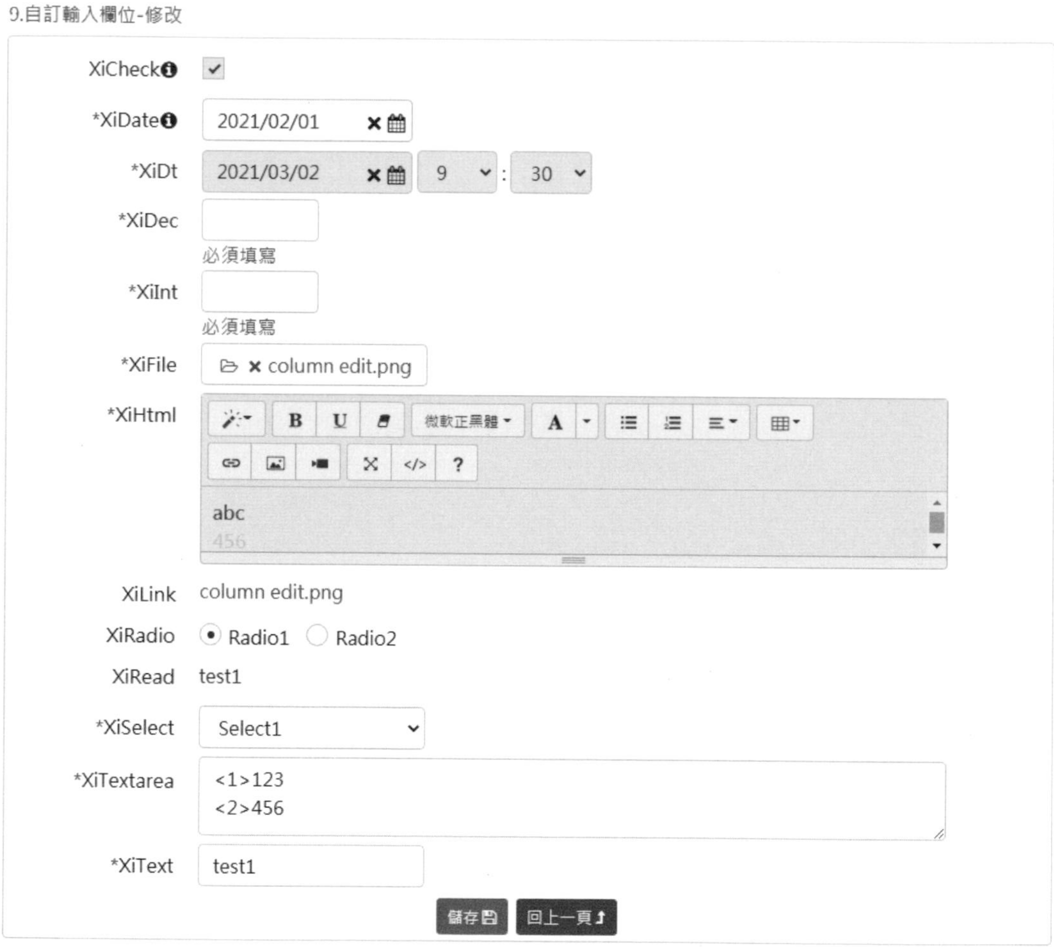

9.自訂輸入欄位-修改

圖 8-1 自訂輸入欄位功能的編輯畫面

在外觀上每個輸入欄位包含五個部分，無法編輯的欄位會以灰色背景來表示（因展示需要，XiCheck、XiDt、XiHtml 暫時設定為無法修改）：

- 標題：與輸入欄位的位置可為水平或垂直，畫面上輸入欄位左邊的標題文字為元件名稱。

- 必填符號：標題前面的紅色星號，同時做輸入驗證。

- 欄位提示文字：游標移至標題後面的 ❶ 圖示時顯示提示文字。

- 輸入欄位：內容為 HTML 元素，例如：input、select。

- 資料驗證：以紅色文字顯示，如畫面中的 XiDec、XiInt 欄位下面的「必須填寫」。

上面的頁面檔案名稱為 Views/CustInput/Read.cshtml，畫面上每個欄位會對應一行的 HTML 程式碼，內容如下：

```
<form id='eform' class='xg-form'>
    <vc:xi-check dto="@(new XiCheckDto { Title = "XiCheck", Fid = "F
    <vc:xi-date dto="@(new XiDateDto { Title = "XiDate", Fid = "FldD
    <vc:xi-dt dto="@(new XiDtDto { Title = "XiDt", Fid = "FldDt", Re
    <vc:xi-dec dto="@(new XiDecDto { Title = "XiDec", Fid = "FldDec"
    <vc:xi-int dto="@(new XiIntDto { Title = "XiInt", Fid = "FldInt"
    <vc:xi-file dto="@(new XiFileDto { Title = "XiFile", Fid = "FldF
    <vc:xi-hide dto="@(new XiHideDto { Fid = "Id" })"></vc:xi-hide>
    <vc:xi-html dto="@(new XiHtmlDto { Title = "XiHtml", Fid = "FldH
    <vc:xi-link dto="@(new XiLinkDto { Title = "XiLink", Fid = "FldL
    <vc:xi-radio dto="@(new XiRadioDto { Title = "XiRadio", Fid = "F
    <vc:xi-read dto="@(new XiReadDto { Title = "XiRead", Fid = "FldR
    <vc:xi-select dto="@(new XiSelectDto { Title = "XiSelect", Fid =
    <vc:xi-textarea dto="@(new XiTextareaDto { Title = "XiTextarea",
    <vc:xi-text dto="@(new XiTextDto { Title = "XiText", Fid = "FldT
</form>
@await Component.InvokeAsync("XgSaveBack")
```

圖 8-2　在編輯畫面中使用自訂輸入欄位

在頁面引用自訂元件有兩種語法，第一種是使用 <vc></vc>，這時元件名稱要改成 Kebab 這種命名方式，例如 XiCheck 改成 xi-check。所有的自訂輸入欄位都有一個對應的 dto 傳入參數，資料型態名稱與自訂輸入欄位名稱相似，類別裡面的屬性即為輸入欄位所需要的設定。第二種方式是上圖的最下面一行，使用 @await Component.InvokeAsync，當傳入參數的數量很少時，這種寫法比較方便。使用這兩種方法時，Visual Studio 會顯示提示並且檢查正確性，你可以自行選擇；輸入欄位以外的自訂元件，我們都會採用第二種寫法來引用。

8-2　欄位基本屬性

以下是大多數自訂輸入欄位具備的屬性，系統會透過這些屬性來決定輸入欄位的呈現和操作，按照屬性使用的頻率由高到低說明如下：

- Title：欄位前面的標題文字。

- Fid：欄位 Id，通常對應後端的資料庫欄位名稱。

- Value：輸入欄位的值，可空白。

- Cols：內容為字串，用來表示標題和輸入欄位的寬度，系統預設值為「2,3」，表示標題寬度為 2，輸入欄位寬度為 3，配合 Bootstrap Grid 系統，最大值為 12。

- Edit：是否可編輯，如果為 C 表示可新增，U 表示可修改，空白表示無限制。如果有一個欄位只允許新增，當你修改這筆資料時，這個欄位就會成為唯讀狀態，這時候背景顏色為灰色。

- BoxClass：輸入欄位外框的額外 Class Name，可空白。

- InputAttr：輸入欄位的 HTML 屬性，可空白。

- InputTip：輸入欄位的 PlaceHolder 屬性，可空白。

- InRow：是否包含在 row class 裡，當多個輸入欄位在同一列時，這個欄位會設為 true。

- LabelTip：標題後方圖示的提示文字，可空白。

- Required：是否為必填，如果為 true 則會顯示紅色星號，系統同時會加入必填驗證，預設為 false。

- Width：欄位寬度，對應 style width 屬性，空白則使用系統預設。

這些輸入欄位的原始碼檔案位於公用專案 BaseWeb/ViewComponents 目錄下，檔案名稱為 Xi 開頭，任何 Web 專案都可以參照，如圖 8-3：

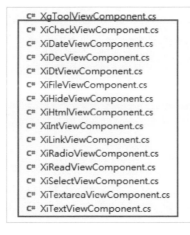

圖 8-3　自訂輸入欄位檔案清單

8-3 欄位清單

除了上述的基本屬性，不同的欄位可能也會有一些額外的屬性，下面以檔案名稱為順序說明這些自訂輸入欄位的使用方法：

一、XiCheck

CheckBox 欄位，使用 CSS 來設定外觀，讓它看起來比傳統 HTML CheckBox 大許多，以方便操作，檔案為 wwwroot/css/base/_icheck.css。這個欄位只有勾選或是空白這兩種狀態，一般會對應到資料庫的 bit 欄位，它的額外屬性有：

- IsCheck：是否勾選。
- Label：輸入欄位後面的說明文字，可空白。
- FnOnClick：使用者點擊時要執行的函數，可空白。

二、XiDate

日期欄位，使用 Bootstrap Datepicker 套件來製作，在外觀上增加一個刪除圖示來清除內容，日期的格式會根據系統組態所設定的語系來呈現，例如中文為 2021/2/1，英文為 Feb-1-2021。在 bundleconfig.json 載入 Bootstrap Datepicker 的 JavaScript 和 CSS 檔案，載入頁面時會自動呼叫 JavaScript _idate.init 函數來啟動月曆功能。

三、XiDec

小數欄位，額外的屬性有：

- Min：最小值。
- Max：最大值。

四、XiDt

Dt 表示 Datetime，是一種日期時間欄位，它是由一個日期欄位和兩個下拉式欄位組成，分別對應日期、小時、分鐘等三個資料，額外的屬性有：

- MinuteStep：分鐘下拉式欄位資料清單的時間間隔，預設為 10 分鐘。

五、XiFile

檔案上傳欄位，在外觀上增加一個刪除圖示，用來清除檔案；點擊檔案名稱的連結時會開啟圖檔內容或是下載檔案。額外的屬性有：

- Table：傳送到 JavaScript onViewFile 函數，可空白。
- MaxSize：檔案大小限制，預設為 10MB，選取檔案時，系統會檢查是否符合。
- FileType：檔案種類，有 I（image）、E（Excel）、W（Word）、*（全部），預設為 I，選取檔案時，系統會檢查檔案種類是否符合。
- FnOnViewFile：點擊檔名連結時要執行的 JavaScript 函數，預設為 _me.onViewFile(table, fid, elm)，在個別的頁面必須實作這個函數，同時後端也要實作對應的 Action，如下：

```
public FileResult ViewFile(string table, string fid, string key, string ext)
{
    return _Xp.ViewCustInput(fid, key, ext);
}
```

在儲存上傳檔案時，後端 Action 要改成非同步，同時增加 IFormFile 類型的傳入參數，參數名稱的格式為 t+ 資料表序號 + 底線 + 欄位名稱，如下：

```
public async Task<JsonResult> Create(string json, IFormFile t0_FldFile)
{
    return Json(await new CustInputEdit().CreateAsnyc(_Json.StrToJson(json),
        t0_FldFile));
}
```

六、XiHide

隱藏欄位，不會顯示在畫面上，一般用來存放主鍵（Primary Key）欄位。

七、XiHtml

HTML 編 輯 欄 位，這 個 欄 位 是 使 用 Summernote JavaScript 套 件，在 bundleconfig.json 載 入 Summernote 的 JavaScript 以 及 CSS 檔 案，同 時在 wwwroot/css/lib/font 目錄下放置它的字型檔。載入頁面時必須呼叫 JavaScript _ihtml.init 函數來啟動 Summernote 編輯功能。額外的屬性有：

- MaxLen：欄位內容的字串長度限制，空白表示無限制。

因為 Summernote 和 jQuery Validation 在使用上有一些衝突，在 jQuery Validation 初始化時必須忽略 Summernote 欄位，圖 8-4 是 wwwroot/js/base/_valid.cs 的 init 函數內容：

```
init: function (form) {
    //remove data first
    form.removeData('validator');

    //config
    var config = {
        ignore: ':hidden:not([data-type=html]),.note-editable.card-block',
        errorElement: 'span',
        errorPlacement: function (error, elm) {
            error.insertAfter(_valid._getBox(elm));
            return false;
        }
    };

    return form.validate(config);
},
```

圖 8-4　在 jQuery Validation 解決和 Summernote 的衝突

同時在 Summernote 初始化時，必須加上 onChange 函數，圖 8-5 是 wwwroot/js/base/_ihtml.js 的 init 函數部分內容：

```javascript
init: function (edit, prog, height) {
    edit.eform.find(_ihtml.Filter).each(function () {
        var upMe = $(this);
        upMe.data('prog', prog);     //for onImageUpload()

        //init summernote
        upMe.summernote({
            height: height || 200,
            //new version use callbacks !!
            callbacks: {
                onChange: function (contents, $editable) {
                    //sync value
                    var me = $(this);
                    me.val(me.summernote('isEmpty') ? "" : contents);

                    //re-validate
                    edit.valid.element(me);
                },

                onImageUpload: function (files) {
                    var me = $(this);    //jquery object
                    var data = new FormData();
                    data.append('file', files[0]);
                    data.append('prog', me.data('prog'));
                    $.ajax({
                        data: data,
                        type: "POST",
                        url: "SetHtmlImage",     //fixed action !!
                        cache: false,
```

圖 8-5　在 Summernote 解決和 jQuery Validation 的衝突

Summernote 欄位中的圖檔預設是使用 Base64 編碼的方式來儲存內容，所儲存的欄位內容會包含一個區塊類似亂碼的字串，在這裡我們改成設定圖檔 url 的方式；作法是在圖 8-5 的程式中增加一個 onImageUpload 函數，然後設定處理圖檔的後端程式為 SetHtmlImage Action，這個 Action 要執行儲存圖檔並且傳回圖檔路徑的工作，程式內容如下：

```
public async Task<string> SetHtmlImage(IFormFile file, string prog)
{
    var fileName = await _WebFile.SaveHtmlImage(file, prog);
    return $"/image/{prog}/{fileName}";
}
```

八、XiInt

整數欄位，額外的屬性有：

- Min：最小值。
- Max：最大值。

九、XiLink

檔案連結唯讀欄位，用來檢視檔案內容，額外的屬性有：

- Table：同 XiFile。
- FnOnViewFile：同 XiFile。

十、XiRadio

從多個 Radio 按鈕選取一個，與 XiCheck 相同，使用 CSS 控制外觀，檔案同為 wwwroot/css/base/_icheck.css，額外的屬性有：

- Rows：來源資料。
- IsHori：多個 Radio 按鈕的排列方式，預設為 true 表示水平排列，false 則表示垂直排列。
- FnOnChange：點擊按鈕時要執行的 JavaScript 函數，可以空白。

十一、XiRead

用來顯示資料的唯讀欄位，沒有外框，額外的屬性有：

- Format：資料的顯示格式，一般用在日期欄位，可以空白。

十二、XiSelect

下拉式欄位，額外的屬性有：

- Rows：來源資料。
- AddEmptyRow：是否加入第一列含提示文字的空白資料，預設為 true。
- FnOnChange：改變內容時要執行的 JavaScript 函數，可以空白。

十三、XiTextarea

多行文字欄位，額外的屬性有：

- MaxLen：欄位內容的字串長度限制，空白表示無限制。
- RowsCount：要顯示的欄位行數。

十四、XiText

一般的單行文字欄位，額外的屬性有：

- MaxLen：欄位內容的字串長度限制，空白表示無限制。
- IsPwd：預設為 false 表示一般文字欄位，true 表示密碼欄位。

8-4　JavaScript 檔案

自訂輸入欄位需要 JavaScript 檔案才能正常運作，這些檔案位於 wwwroot/
js/base 目錄下。

一、檔案清單

清單如圖 8-6（不含 _input.js），檔案名稱底線後面的 i 表示輸入欄位的意
思，用來跟其他檔案作區別；每個檔案對應一個輸入欄位，這裡使用類別
的繼承來建立每個檔案，其中 _ibase.js 是所有檔案的基礎類別，其他檔案
則可以從檔案名稱來判斷它所對應的輸入欄位：

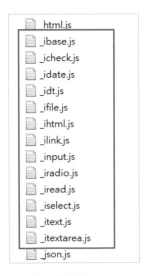

圖 8-6　自訂輸入欄位的 JavaScript 檔案

二、_ibase.js

_ibase.js 是所有輸入欄位的基礎類別，檔案內容包含三種功能的函數：讀取欄位、設定欄位、設定編輯狀態；自訂輸入欄位繼承這個類別後就會具備這些功能，然後可以按照實際狀況在個別的檔案去覆寫或是擴充。_ibase.js 的函數用途如下：

- get：讀取欄位值，傳入 data-fid 屬性。
- getF：讀取欄位值，傳入 filter 字串。
- getO：讀取欄位值，傳入 object。
- set：設定欄位值，傳入 data-fid 屬性。
- setF：設定欄位值，傳入 filter 字串。
- setO：設定欄位值，傳入 object。
- setEdit：設定欄位狀態，傳入 data-fid 屬性。
- setEditF：設定欄位狀態，傳入 filter 字串。
- setEditO：設定欄位狀態，傳入 object。

三、_iselect.js

以下拉式輸入欄位為例，檔案為 _iselect.js，在操作畫面中出現的頻率很高，它的部分程式內容如圖 8-7；檔案先利用 jQuery extend 繼承 _ibase 類別，再根據實際狀況改寫 getO、setO、SetEditO 等三個函數的內容；底下的 getIndex、getIndexO 則是額外擴充的函數。

```javascript
//select option
var _iselect = $.extend({}, _ibase, {

    //#region override
    getO: function (obj)...,

    setO: function (obj, value)...,

    setEditO: function (obj, status)...,
    //#endregion

    //get selected index(base 0)
    getIndex: function (fid, box)...,
    getIndexO: function (obj) {
        return obj.prop('selectedIndex');
    },
```

圖 8-7 _iselect.js 部分內容

Word 套表

Word 套表是系統常見的功能,在步驟上先建立一個 Word 檔案做為範本,在檔案中放置一些記號表示圖檔或資料要填入的位置,執行時從主機和資料庫讀取資料內容,再填入範本的指定位置,最後輸出 Word 檔案。這樣的主題在網路上有很多的討論和範例,在這裡我們的注意力要放在模組化上面,希望盡量簡化需要客製化的程式碼,來降低系統開發和維護的成本。

從 Word 2007 開始,它的副檔名改為 docx,以 HrAdm 的用戶履歷範本檔案 UserExt.docx 為例,如果把副檔名改成 zip 再解壓縮,即會得到許多目錄以及多個 XML 檔案,如圖 9-1,其中 Word 檔案的主要內容位於 word/document.xml,一般的文字編輯器可開啟這些檔案。

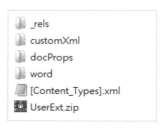

圖 9-1　UserExt.docx 解壓縮後的內容

OpenXML SDK 是微軟開發的一套以 XML 為基礎的函式庫，用來存取各種 Office 檔案，像是 Word、Excel，同時支援 .Net Core 平台；套表的原理即是以 SDK 讀取 Word 範本檔案內容，利用字串取代的方式把資料寫入，最後再呼叫 SDK，將調整後的字串寫回新的 Word 檔案。跟另一個常見的工具 NPOI 比起來，OpenXML SDK 比較像是底層的 API，需要寫更多的程式碼，難度稍高，執行效率比較好；基於 OpenXML SDK 是微軟官方所發行的，所以我們用它來做為存取 Office 檔案的開發工具。

9-1　Word 範本

首先建立一個 Word 檔案做為範本，這裡的範本可以寫入三種資料，以 HrAdm 系統裡的「8. 用戶經歷維護」為例，查詢畫面上每一筆資料後面的「產生履歷檔」連結可以產生這個用戶的履歷 Word 檔案，如圖 9-2：

帳號	使用者名稱	部門	資料狀態	功能	維護
aa	Alex Chen	研發部	正常	產生履歷檔	✎ 👁
nn	Nick Wang	研發部	正常	產生履歷檔	✎ 👁
pp	Peter Lin	管理部	正常	產生履歷檔	✎ 👁

圖 9-2　用戶經歷維護作業的產生履歷檔按鈕

由於系統支援多種語系，這裡以繁體中文為例，用戶履歷的範本檔案位於 _template/zh-TW/UserExt.docx，內容如圖 9-3：

圖 9-3 用戶履歷範本檔案的結構

這三個區域的內容為：

1. 單筆資料：資料來源一般是資料庫的單筆資料，在欄位名稱前後加上中括號，例如：[Name]。

2. 多筆資料：來自資料庫的多筆資料，與單筆資料的做法相同，除此之外，在每一行後面加下 [!X]，X 表示資料群組序號，例如工作經驗為 0，學歷資料為 1。

3. 圖片：放一張任意圖片，調整它要呈現的長度和寬度，同時在它的大小屬性視窗的「替代文字」輸入一個指定的唯一代碼來表示這一張圖檔，如圖 9-4，代碼為 Photo，我們會在程式中使用這個代碼來填入對應的圖檔，同時按照範本檔案裡面圖片的比例，縮放實際的圖檔大小：

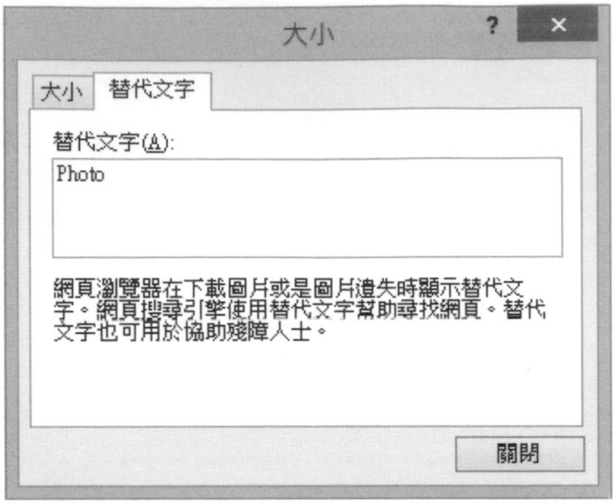

圖 9-4 範本圖檔使用替代文字來設定唯一代碼

另外要注意的是，當你在編輯 Word 範本檔案時，欄位名稱和前後面的括號必須使用相同的字型及大小，否則系統會無法填入正確的資料內容。圖 9-5 是我們重現這個問題後，檢視範本的 xml 檔案的部分內容，其中 Name 欄位與前後面的括號因為使用不同的字型，因而出現在兩個地方。要避免這種狀況，比較簡單的方法是，使用文書處理器把欄位名稱和括號一起寫好，再貼到 Word 範本裡面。

```
</a:prstGeom><a:scene3d><a:camera prst="orthog
 val="bg1"><a:lumMod val="95000"/>
</a:schemeClr></a:contourClr></a:sp3d></pic:sp
</w:rPr><w:tab/></w:r><w:r w:rsidR="009079C5">
="eastAsia"/></w:rPr><w:t>: [</w:t></w:r><w:r
</w:rPr><w:t>Name</w:t></w:r><w:r w:rsidR="002
w:rsidRDefault="00F24A82" w:rsidP="00F24A82"><
</w:pPr><w:r><w:rPr><w:rFonts w:hint="eastAsia
</w:t></w:r><w:r w:rsidR="002C2F2E"><w:rPr><w:
"009079C5" w:rsidP="005C29A2"><w:pPr><w:spacin
```

圖 9-5 範本檔案的欄位名稱和括號產生分隔

9-2 公用程式

Word 套表功能實作在公用類別 Base/Services/WebSetService.cs，它會呼叫 OpenXML SDK 來寫入圖檔、資料，因為直接呼叫 OpenXML SDK，程式稍有難度，以下是這個類別主要的公用方法：

- AddImagesAsync：加入多個圖檔。

- GetBodyTplAsync：傳回範本檔案中 body 區段的字串內容。

- GetDrawTplAsync：傳回範本檔案中某一張圖檔的字串內容。

- GetMainPartStr：傳回範本檔案的全部字串內容。

- GetPageBreak：傳回分頁字串。

- GetRowTplAsync：傳回範本檔案中某一列字串的內容。

- SetMainPartStr：把全部字串內容寫入 Word 檔案。

我們另外在靜態類別 BaseWeb/Services/_WebWord.cs 建立了一個公用函數 ExportByTplRowAsync 來執行 Word 套表功能，函數名稱的意思是使用範本和資料來匯出檔案；程式會叫用上面的 WebSetService.cs 功能，任何套表功能只要先準備好單筆、多筆和圖檔資料，直接呼叫 ExportByTplRowAsync 函數，即可輸出 Word 套表檔案，它的程式邏輯如圖 9-6：

```csharp
public static async Task<bool> ExportByTplRowAsync(string tplPath, string fileName,
    dynamic row, List<IEnumerable<dynamic>> childs = null,
    List <WordImageDto> images = null)
{
    1.check template file

    2.prepare memory stream

    //3.binding stream && docx
    var fileStr = "";
    using (var docx = WordprocessingDocument.Open(ms, true))
    {
        //initial
        var wordSet = new WordSetService(docx);
        var mainStr = wordSet.GetMainPartStr();

        //4.add images first
        if (images != null)
            mainStr = await wordSet.AddImagesAsync(mainStr, images);

        //get word body start/end pos
        //int bodyStart = 0, bodyEnd = 0; //no start/end tag
        var bodyTpl = await wordSet.GetBodyTplAsync(mainStr);

        5.fill row && childs rows

        //write into docx
        wordSet.SetMainPartStr(fileStr);
    }

    //6.export file by stream
    await _Web.ExportByStream(ms, fileName);
    return true;
}
```

圖 9-6 Word 套表功能的程式結構

五個傳入參數的用途為：

- tplPath：範本檔案的路徑。

- fileName：產生的 Word 檔案名稱。

- row：要套用的單筆資料。

- childs：要套用的多筆資料的集合。

- images：多個圖檔的內容，包含代碼、圖檔路徑。

程式解說

(1) 檢查範本檔案。

(2) 準備 Memory Stream 做為輸出的檔案來源，這樣可以避免產生實體檔案，減少後續的維護。

(3) 開啟範本檔案同時綁定 Memory Stream，後續會直接寫入 Memory Stream。

(4) 填入多個圖檔。

(5) 寫入單筆和多筆資料。

(6) 輸出 Memory Stream，讓使用者下載完成套表的 Word 檔案。

9-3 套表範例

以 HrAdm 的「8. 用戶經歷維護」的套表功能為例，系統會呼叫 Services/
UserExtService.cs 的 GenWordAsync 函數，程式結構如圖 9-7：

```
public async Task<bool> GenWordAsync(string userId)
{
    1.check data && template file

    2.read row/rows by Linq

    //3.put rows into childs property(IEnumerable type !!)
    var childs = new List<IEnumerable<dynamic>>()
    {
        userJobs, userSchools, userLicenses,
        userLangs, userSkills
    };

    //4.prepare image list
    var images = new List<WordImageDto>()
    {
        new WordImageDto(){ Code = "Photo", FilePath = _Xp.PathUserExt(user
    };

    //5.call public method
    if (!await _WebWord.ExportByTplRowAsync(tplPath, "UserExt.docx", user,
        return false;

    //case of ok
    return true;

lab_error:
    await _Log.ErrorAsync("UserExtService.cs GenWord() failed: " + error);
    return false;
}
```

圖 9-7 產生 Word 套表的範例程式結構

程式解說

(1) 檢查資料與範本檔案。

(2) 使用 Linq 讀取資料庫，包含一個單筆資料和五個多筆資料。

(3) 把多筆資料放入一個集合變數裡，陣列元素的順序與範本檔案相同。

(4) 準備圖檔資料，包含圖檔唯一代碼（必須與範本檔符合）、圖檔路徑。

(5) 呼叫公用程式產生 Word 檔案。

最後產生出來的 Word 檔案內容如圖 9-8：

圖 9-8　用戶履歷套表輸出結果

除此之外，這裡有另外一個套表的範例，從 DbAdm 系統的「專案維護」
作業，執行某個專案的「產生文件」功能，系統會產生這個專案的資料庫
文件，它包含多個資料表的內容，在程式的邏輯上與「用戶經歷」稍有不
同，範本檔案路徑位於 DbAdm/zh-TW/Table.docx，產生的 Word 檔案部分
內容如圖 9-9，如果有興趣也可以參考。

資料庫文件　　　　　　　　　　　　　　　　　　　　　　　　　管理系統

Table: Code(雜項檔)

序	欄位名稱	中文名稱	資料型態	Null	預設值	說明
1	Type	資料類別	varchar(20)			
3	Name	顯示名稱	nvarchar(30)			
4	Sort	排序	int			
5	Ext	擴充資料	varchar(30)	Y		
6	Note	說明	nvarchar(255)	Y		
2	Value	資料內容	varchar(10)			

圖 9-9 Word 套表範例 - 資料庫文件

匯出 Excel

有時我們需要把軟體系統裡面的資料匯出成為 Excel 檔案，再交給其他人員做後續的處理。在多數的狀況下，一段 SQL 字串就可以完成這個功能大部分的工作；在流程上是先建立一個 Excel 範本檔案，再讀取資料庫將資料寫入這個範本，最後輸出一個新的 Excel 檔案。跟 Word 套表一樣，我們使用 OpenXML SDK 來建立這個匯出功能。

10-1 公用程式

我們建立了兩個跟匯出 Excel 功能有關的公用程式，分別應用在不同的場合，透過呼叫這些公用程式可以達到簡化程式碼的目的。第一個是 Base/Services/_Excel.cs，用在非 Web 專案，它與匯出功能有關的有三個公用函數，其中函數名稱前面的 Docx 用來表示 OpenXML SDK 所開啟的 Excel 檔案，同時因為是採用不同的資料來源寫入相同的 Excel 變數，所以函數名稱會以 Docx 開頭，方便函數的排列與尋找：

- DocxBySqlAsync：傳入 SQL 字串，寫入 Excel 檔案。

- DocxByReadAsync：傳入 ReadDto，寫入 Excel 檔案，ReadDto 是 CRUD 查詢功能的設定，屬性包括查詢欄位、SQL 內容；這個函數可以用來結合 CRUD 功能。

- DocxByRows：傳入多筆資料，寫入 Excel 檔案。

第二個檔案是 BaseWeb/Services/_WebExcel.cs，它用在 Web 專案，與匯出功能有關的包含以下三個公用函數：

- ExportBySqlAsync：傳入 SQL 字串，輸出 Excel 檔案。

- ExportByReadAsync：傳入 ReadDto，輸出 Excel 檔案。

- ExportByRowsAsync：傳入多筆資料，輸出 Excel 檔案。

在以上兩個檔案中，_Excel.cs 的 DocxByRows 是主要執行匯出功能的函數，最後會被其他函數所呼叫，其程式結構如圖 10-1：

```
public static string DocxByRows(JArray rows, SpreadsheetDocument docx, int srcRowNo)
{
    1.check docx

    //2.get col name list from source rows[0]
    var rowCount = (rows == null) ? 0 : rows.Count;
    var cols = new List<string>();
    if (rowCount > 0)
    {
        foreach (var item in (JObject)rows[0])
            cols.Add(item.Key);
    }

    prepare excel variables

    //3.loop of write excel rows, use template
    for (var rowNo = 0; rowNo < rowCount; rowNo++)
    {
        //add row and fill data, TODO: copy row style
        var row = (JObject)rows[rowNo];
        var newRow = new Row();
        for (var colNo = 0; colNo < colCount; colNo++)
        {
            newRow.Append(new Cell()
            {
                CellValue = new CellValue(row[cols[colNo]] == null ? "" : row[cols[col
                DataType = CellValues.String,
            });
        }

        //insert row into sheet
        sheetData.InsertAt(newRow, rowNo + srcRowNo);
    }

    //case of ok
    return "";
    remark: no template file
}
```

圖 10-1 _Excel.cs 的 DocxByRows 函數的結構

程式解說

(1) 檢查傳入的 Excel 變數 docx 是否正確。

(2) 從傳入的多筆資料 rows 讀取欄位名稱。

(3) 將多筆資料按照資料庫讀出來的欄位順序，依次寫入 Excel。

10-2　CRUD 匯出功能

CRUD 列表畫面的操作步驟是，使用者輸入查詢條件，然後系統顯示查詢結果，這個動作與匯出 Excel 的流程類似，不同的是這裡要輸出一個 Excel 檔案，所以我們把這個匯出功能做成 CRUD 的一部分。以 DbAdm 系統的「資料表維護」作業為例，它的功能名稱為 Table，要完成匯出功能包含以下四個步驟：

一、建立 Excel 範本

繁體中文範本檔案位於 DbAdm/_template/zh-TW/Table.xlsx，第一行是要輸出的欄位標題，如圖 10-2：

	A	B	C	D
1	資料表Id	資料表名稱	專案名稱	DB名稱
2				
3				
4				
5				

圖 10-2　匯出 Excel 功能的範本內容

二、查詢畫面增加匯出按鈕

在列表畫面 Views/Table/Read.cshtml 增加一個匯出按鈕，內容為自訂元件 XgExport，如圖 10-3：

```
<div class='xg-btns-box' style="margin-top:5px;">
    @await Component.InvokeAsync("XgCreate")
    @await Component.InvokeAsync("XgExport")
    <button type="button" class="btn xg-btn" onclick="_me.on(
</div>
```

圖 10-3　在 View 中加入匯出按鈕

加入後，查詢畫面的外觀如圖 10-4：

圖 10-4　匯出功能按鈕外觀

使用者點擊匯出按鈕時，系統預設執行 JavaScript 公用程式 js/base/_crud. js 的 onExport 函數，它會固定呼叫後端的 Export Action，同時傳入查詢條件字串，程式內容如下：

```
/**
 * onClick export excel button
 */
onExport: function () {
    var find = _crud.getFindCond();
    window.location = 'Export?find=' + _json.toStr(find);
},
```

三、增加 Export Action

在 TableController.cs 增加 Export Action，用來處理前端的請求；其中使用者的匯出條件會以字串的形式自動傳入，傳入參數名稱為 find，函數內容為執行 Export 函數，程式如下：

```
public async Task Export(string find)
{
    await new TableRead().ExportAsync(_Json.StrToJson(find));
}
```

四、修改查詢程式

在 Services/TableRead.cs 增加 ExportSql 屬性來查詢要匯出的資料，欄位順序必須配合 Excel 範本，如果 ExportSql 的內容為空白，則系統會使用 ReadSql 屬性來匯出資料。設定畫面如 10-5，這個屬性的內容為標準的 SQL，執行時系統會自動加入使用者傳入的查詢條件。

```
    public class TableRead
    {
        private ReadDto dto = new ReadDto()
        {
            ReadSql = @"
select
    a.*,
    p.Code as ProjectCode, p.DbName
from dbo.[Table] a
inner join dbo.Project p on p.Id=a.ProjectId
order by p.Id, a.Name
"
            ExportSql = @"
select
    a.Code, a.Name,
    p.Code as ProjectCode, p.DbName
from dbo.[Table] a
inner join dbo.Project p on p.Id=a.ProjectId
order by p.Id, a.Name
"
            TableAs = "a",
```

圖 10-5　在 CRUD 檔案設定匯出條件 SQL

同 時 TableRead.cs 要 新 增 Export 函 數，內 容 直 接 呼 叫 公 用 函 數 _WebExcel.ExportByRead，接著指定 Excel 範本檔案的所在路徑來產生並下載 Excel 檔案，程式內容如下：

```
public async Task Export(JObject find)
{
    await _WebExcel.ExportByRead(dto, find, "Table.xlsx",
        _Xp.GetTplPath("Table.xlsx", true), 1);
}
```

完成上面的步驟之後，當使用者輸入查詢條件後按下匯出按鈕，系統就會將查詢結果匯出成 Excel 檔案供使用者下載。

10-3 Console 匯出 Excel

在系統中直接呼叫 _Excel.cs 和 _WebExcel.cs 裡的匯出 Excel 相關函數，都可以輸出 Excel 檔案；這裡的另一個範例是「第 15 章 簡單報表」EasyRpt，它是一個 Console 專案，功能是定期匯出 Excel 檔案並且寄送，其中的程式邏輯是利用 SQL 的查詢結果匯出 Excel 檔案，再郵寄給指定人員。在它的主要程式 EasyRpt/MyService.cs 中，有關匯出 Excel 的程式碼如下：

```
//sql to Memory Stream docx
var ms = new MemoryStream();
var docx = _Excel.FileToMsDocx(_Fun.DirRoot +
    "EasyRptData/" + rpt["TplFile"].ToString(), ms); //ms <-> docx
await _Excel.DocxBySqlAsync(rpt["Sql"].ToString(), docx, 1, db);
docx.Dispose(); //must dispose, or get empty excel !!
ms.Position = 0;
```

程式中，_Excel.FileToMsDocx 函數會開啟指定的 Excel 範本檔案，並且綁定 Memory Stream，後續對 Excel 檔案的寫入動作會直接寫入 Memory Stream；下一行的 _Excel.DocxBySqlAsync 則會利用組合出來的 SQL 字串，將資料庫的查詢結果寫入 Memory Stream，後續再交給 Email 公用程式 Base/Services/_Email.cs，將 Memory Stream 以附檔的形式寄出。

從 Excel 匯入

這個功能的用途是將一個 Excel 檔案的內容匯入系統的資料庫，以節省人員輸入資料的時間和成本，它的程式邏輯為：

- 上傳要匯入的 Exccl 檔案。

- 檢查每一筆資料的正確性，同時記錄錯誤資料。

- 將正確資料寫入資料庫。

- 產生匯入記錄，以供查詢。

- 可以將錯誤資料匯出，讓使用者修正後再重新匯入。

11-1　操作畫面

模組化是我們觀注的重點，所有的匯入功能有相同的外觀和操作行為，以 HrAdm 系統的「10. 匯入用戶資料」功能為例，它的列表畫面如圖 11-1，畫面顯示過去的匯入紀錄，資料表名稱為 XpImportLog。如果你點選「失敗筆數」欄位上的數字，系統會下載這個匯入失敗的檔案，檔案內容是原始的匯入 Excel 資料，最右邊欄位是系統加入的匯入失敗原因；點擊「匯入檔案」欄位內的檔名連結，可以下載當初匯入的原始檔案。

匯入用戶資料

成功筆數	失敗筆數	合計筆數	匯入檔案	執行人員	執行時間
0	3	3	UserImport.xlsx	Alex Chen	2021/03/29 17:18:34
3	0	3	UserImport.xlsx	Alex Chen	2021/03/29 17:14:50
3	0	3	UserImport.xlsx	Alex Chen	2021/03/29 01:12:54

匯入檔案名稱　［　　　　　　］ 查詢🔍

［匯入Excel］［下載範本］

每頁顯示 ［10 ▼］ 筆, 第 11 至 13 筆, 總共 13 筆　　|< < 1 **2** > >|

圖 11-1　匯入用戶資料作業

點擊圖 11-1 中「匯入 Excel」按鈕時，系統會出現以下的畫面讓你選取匯入的來源 Excel 檔案；匯入完成後，在列表畫面會增加這一筆匯入的紀錄：

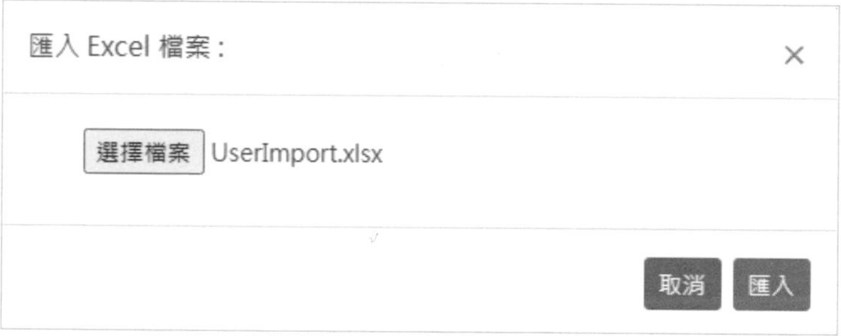

匯入 Excel 檔案：　　　　　　　　　　　　　　✕

［選擇檔案］ UserImport.xlsx

［取消］［匯入］

圖 11-2　選取匯入檔案

11-2　公用程式

我們將與匯入功能相關的公用程式整理為以下兩個部分，個別的功能透過呼叫這些公用程式，可以減少所需要的程式碼：

一、XpImport

XpImport 類似一個 CRUD 列表畫面，透過匯入功能類別的判斷來達到共用的目的，它的相關檔案有：

- Controller：HrAdm/Controllers/XpImportController.cs
- Sevice：BaseWeb/Services/XpImportRead.cs
- View：HrAdm/Views/XpImport/Read.cshtml

XpImportController 是所有匯入功能 Controller 的上層類別，用來處理共同的行為，它包含以下的屬性：

- ProgName：功能顯示名稱。
- ImportType：每個匯入功能會指定一個類別代碼做為區別。
- TplPath：範本檔案路徑。
- DirUpload：上傳檔案的儲存目錄。

XpImportController 同時包含以下的 Action：

- GetPage：傳回一頁查詢結果。
- Import：執行匯入功能，此為抽象方法，必須在子代類別中實作。
- Template：傳回範本檔案。
- GetSource：傳回匯入的原始檔。
- GetFail：傳回匯入失敗檔案。

XpImportRead.cs 的內容是共用的 CRUD 查詢功能，可以提供所有 Web 系統共用，因此放在 BaseWeb 專案中。在查詢 XpImportLog 資料表時，便會過濾不同的匯入類別，它的程式如下：

```
public class XpImportRead {

    //constructor
    private string _importType;
    public XpImportRead(string importType) {
        _importType = importType;
    }

    private ReadDto GetDto() {
        return new ReadDto()
        {
            ReadSql = $@"
select *
from dbo.XpImportLog
where Type='{_importType}'
order by Id desc
",
            Items = new[] {
                new QitemDto { Fid = "FileName", Op = ItemOpEstr.Like },
            },
        };
    }

    public async Task<JObject> GetPageAsync(string ctrl, DtDto dt) {
        return await new CrudRead().GetPageAsync(ctrl, GetDto(), dt);
    }
}
```

至於頁面檔案 Read.cshtml，則可以在 Web 專案內部共用。

二、匯入 Service

BaseWeb/Services/_WebExcel.cs 的 ImportByFileAsync 函數是用來提供 Web
系統匯入的功能，它最後會呼叫 Base/Services/ExcelImportService.cs 的
ImportByDocxAsync 函數，這也是實際執行匯入功能的程式，結構如圖 11-3：

```csharp
    public async Task<ResultImportDto> ImportByDocxAsync(SpreadsheetDocument docx,
    {
        1.set variables

        2.validate fileRows loop

        3.save database for ok rows(call FnSaveImportRows())

        #region 4.save ok excel file
        if (_Str.IsEmpty(importDto.LogRowId))
            importDto.LogRowId = _Str.NewId();
        var fileStem = _Str.AddAntiSlash(dirUpload) + importDto.LogRowId;
        docx.SaveAs(fileStem + ".xlsx");
        #endregion

        5.save fail excel file (tail _fail.xlsx)

        #region 6.insert ImportLog table
        var totalCount = fileRows.Count;
        var okCount = totalCount - failCount;
        var sql = $@"
insert into dbo.XpImportLog(Id, Type, FileName,
OkCount, FailCount, TotalCount,
CreatorName, Created)
values('{importDto.LogRowId}', '{importDto.ImportType}', '{fileName}',
{okCount}, {failCount}, {totalCount},
'{importDto.CreatorName}', '{_Date.NowDbStr()}')
";
        await _Db.ExecSqlAsync(sql);
        #endregion

        //7.return import result
        return new ResultImportDto()
        {
            OkCount = okCount,
            FailCount = failCount,
            TotalCount = totalCount,
        };
    }
```

圖 11-3 匯入功能的程式結構

程式解說

(1) 讀取匯入的 Excel 檔案，同時設定相關變數。

(2) 檢查每一筆匯入的資料。

(3) 將正確的資料寫入資料庫，這時會呼叫自訂的處理函數。

(4) 儲存匯入的原始檔案到指定目錄。

(5) 將匯入失敗的資料存成檔案到指定目錄。

(6) 將執行結果寫入 XpImportLog 資料表。

(7) 傳回執行結果。

所有的匯入記錄都會寫入 XpImportLog 資料表，我們用其中的 Type 欄位來區分不同的匯入功能，每一筆資料表示一次匯入記錄，欄位說明如下：

- Id：主鍵欄位，資料唯一代碼。

- Type：匯入功能種類，對應 XpImportController 的 ImportType 屬性。

- FileName：匯入的 Excel 檔案名稱。

- OkCount：匯入成功筆數。

- FailCount：匯入失敗筆數。

- TotalCount：匯入合計筆數。

- CreatorName：建檔者姓名。

- Created：建檔時間。

11-3 實作

以 HrAdm 的「10. 匯入用戶資料」為例，它的功能名稱為 UserImport，包含以下四個實作步驟：

一、建立範本檔案

範本檔案位於 _template/UserImport.xlsx，其中第一行是欄位名稱，命名方式必須是英數字，因為它需要對應到後面要說明的類別（UserImportVo）屬性名稱，範本內容如圖 11-4：

	A	B	C	D
1	Name	Account	Pwd	DeptId
2				
3				
4				
5				

圖 11-4 匯入功能的範本檔案

二、建立 Controller

檔案為 UserImportController.cs，需要客製處理的只有兩個部分：第一是在建構子設定屬性，第二是改寫 Import Action，其他功能都會交由上層的 XpImportController 處理，UserImportController 的內容如下：

```
//1.inherit
public class UserImportController : XpImportController
{
    //2.constructor
    public UserImportController()
    {
```

```
        ImportType = ImportTypeEstr.User;
        TplPath = _Xp.DirTpl + "/UserImport.xlsx";
        DirUpload = _Xp.DirUserImport;
    }


    //3.override
    [HttpPost]
    override public async Task<JsonResult> Import(IFormFile file)
    {
        return Json(await new UserImportService().ImportAsync(file , this.DirUpload));
    }
}
```

程式解說

(1) 繼承 XpImportController 類別。

(2) 在建構子設定 XpImportController 的自訂屬性。

(3) 覆寫 Import Action，同時實作 UserImportService.cs。

三、建立 Service

建立執行匯入功能的服務程式，檔案為 UserImportService.cs，它的程式結構如下：

```
public class UserImportService
{
    /// <summary> import excel file
    1 reference
    public async Task<ResultImportDto> ImportAsync(IFormFile file, string dirUp
    {
        var importDto = new ExcelImportDto<UserImportVo>()
        {
            ImportType = ImportTypeEstr.User,
            TplPath = _Xp.DirTpl + "UserImport.xlsx",
            FnSaveImportRows = SaveImportRows,
            CreatorName = _Fun.GetBaseUser().UserName,
        };
        return await _WebExcel.ImportByFileAsync(file, dirUpload, importDto);
    }

    /// <summary> check & save DB
    1 reference
    private List<string> SaveImportRows(List<UserImportVo> okRows)
    {
        var db = _Xp.GetDb();
        var deptIds = db.Dept.Select(a => a.Id).ToList();
        var results = new List<string>();
        foreach (var row in okRows)
        {
            //check rules: deptId
            if (!deptIds.Contains(row.DeptId))
            {
                results.Add("DeptId wrong");
                continue;
            }

            set entity model & save db
        }
        return results;
    }
} //class
```

圖 11-5 匯入功能的程式內容

Controller 會呼叫上面的 Import 函數,它的內容是叫用公用程式
_WebExcel.ImportByFile 來執行匯入功能,同時傳入一個 ExcelImportDto
類別變數,其中的 FnSaveImportRows 屬性內容是一個自訂函數,

即所謂的委派（Delegate），這個函數指向圖 11-5 下方的私有函數 SaveImportRows，它是實際執行寫入資料庫的程式碼，詳細內容是檢查每一筆資料的正確性然後寫入資料庫；回傳的資料型態為 List<string>，代表每一筆資料的處理狀態，錯誤的資料則填入錯誤訊息，正確則空白。

四、建立 Model

上面 SaveImportRows 函數的傳入參數型態為 List<UserImportVo>，其中 UserImportVo 類別會對應到 Excel 匯入資料，所以屬性名稱必須與 Excel 的欄位名稱一致；UserImportVo 在應用上接近 View Model，所以字尾加上 Vo 做為區別（View Object），我們在屬性前面加上 DataAnnotations 讓系統自行來處理資料驗證的工作，同時也達到簡化的目的。這樣的驗證在 ASP.NET Core 大約有 10 種，其中常用的有 EmailAddress、Phone、Range、RegularExpression、Url。而 UserImportVo 的內容如下：

```
public class UserImportVo
{
    [Required]
    [StringLength(20)]
    public string Name { get; set; }

    [Required]
    [StringLength(20)]
    public string Account { get; set; }

    [Required]
    [StringLength(32)]
    public string Pwd { get; set; }

    [Required]
    [StringLength(10)]
    public string DeptId { get; set; }
}
```

簽核流程功能

一般常見的簽核流程功能像是請假流程、公文簽核流程,管理人員會事先定義好某個流程的簽核順序和條件,在使用者建立一筆待審核的資料後,系統就會依序將簽核工作傳送給每個關卡的負責人員,並且記錄簽核的過程,這樣的功能對於系統自動化有很大的幫助。簽核流程功能是整個軟體系統的一部分,需要考慮整合性和一致性,包含所使用的開發工具和使用者的操作介面風格,在內容上它包含五個部分:

1. 相關資料表

2. 流程設計功能

3. 人員簽核畫面

4. 查詢簽核資料

5. 流程核心程式

12-1　相關資料表

簽核流程功能是系統的一部分,而不是獨立存在,所以在這裡我們把它的相關資料表放在 HrAdm 系統的資料庫(名稱為 Hr)中,詳細的欄位說明可以參考 _data\Tables.docx,與流程有關的資料表分成三個種類。

一、系統資料表

系統資料表會由公用程式所維護，欄位內容為固定，這些資料表用來記錄簽核流程的內容以及相關屬性，包含以下四個：

- XpFlow：流程設定資料。
- XpFlowNode：流程節點，一個節點即為一個審核的關卡。
- XpFlowLine：流程線，用來決定流程節點的走向。
- XpFlowSign：流程簽核資料，包含所有流程。

二、XpCode 資料

XpCode 的內容為 Key-Value 對應資料，一般做為下拉式欄位的資料來源，其中有許多資料是簽核流程功能有關，如圖 12-1，我們在 Note 欄位加上 Flow 這個字做為標記；另外 XpCode 的 Name_zhTW、Name_zhCN、Name_enUS 為多國語欄位，用來儲存多國語文字內容：

	Type	Value	Name_zhTW	Name_zhCN	Name_enUS	Sort	Ext	Note
1	AndOr	{A}	And	And	And	1	NULL	Flow, 括號for避開regular
2	AndOr	{O}	Or	Or	Or	2	NULL	Flow
3	FlowStatus	0	簽核中	簽核中	Auditing	1	NULL	Flow
4	FlowStatus	N	拒絕	拒絕	Reject	3	NULL	Flow
5	FlowStatus	Y	同意	同意	Agree	2	NULL	Flow
6	LangLevel	1	略懂	略懂	Bad	1	NULL	NULL
7	LangLevel	2	普通	普通	Not Bad	2	NULL	NULL
8	LangLevel	3	精通	精通	Good	3	NULL	NULL

圖 12-1 XpCode 資料表 Note 欄位

三、來源資料表

所謂來源資料表是指具備簽核流程功能的資料，你可以為任何資料加上流程簽核的功能，只需要在這些資料表中加入下面這兩個欄位，欄位內容將會由公用程式來維護，如同 Leave 資料表一樣：

- FlowLevel：流程目前簽核關卡，最小值為 1。
- FlowStatus：流程狀態，資料內容參考 XpCode.Type = FlowStatus。

12-2　流程設計功能

要設定系統所需要的流程資料，你必須先有一個流程維護功能，考慮操作畫面的方便性，在這裡我們使用第三方套件 jsPlumb。

一、流程維護功能

HrAdm 系統的「3. 流程維護」用來維護各種流程資料，它是一個 CRUD 功能，包含列表畫面和編輯畫面，在實作上包含以下程式檔案：

- Controller：XpFlowController.cs
- Service：BaseWeb/Services/XpFlowRead.cs、XpFlowEdit.cs，用途分別是 CRUD 查詢和編輯功能。流程維護功能存取的資料表和欄位是固定的，所以我們把這兩個檔案放在 BaseWeb 專案裡面，任何 Web 專案都可以引用。
- View：Views/XpFlow/Read.cshtml，這個檔案同時包含編輯畫面和多國語內容，你可以根據實際需要來做調整。
- Javascript：XpFlow.js

Controller 和 Service 檔案的內容和一般 CRUD 功能無異；編輯畫面增加節點和流程線的屬性設定畫面，使用者在操作這些畫面時，系統會記錄所有的異動內容，最後在儲存時一起寫入資料庫；另外為了控制前端資料的存取，在 XpFlow.js 增加以下的函數，函數名稱前面的 mNode 表示多筆節點，mLine 表示多筆流程線：

- mNode_loadJson：載入節點資料到畫面上。

- mNode_getUpdJson：從畫面上讀取多筆節點資料。

- mNode_valid：節點資料驗證。

- mLine_loadJson：載入流程線資料到畫面上。

- mLine_getUpdJson：從畫面上讀取多筆流程線資料。

- mLine_valid：流程線資料驗證。

對於一個 Web 專案來說，Controller、View、JavaScript 都無法和其他專案共用，所以如果你有兩個以上的 Web 專案要建立流程維護功能，則必須重複拷貝這三個類型的檔案。

二、jsPlumb

jsPlumb 是一套製作流程圖的 JavaScript 函式庫，主要的功能是利用連結線去串接兩個物件，衍生出製作各種結構圖。這裡所使用的 jsPlumb 是 MIT 授權方式的 Community 版本，它還有另外一個付費的 Toolkit 版本能提供更多的功能。

使用上它具有很好的方便性和穩定性，網路上有很多中英文的說明文件可供參考。我們用它來建立簽核流程所需要的流程設定資料，同時寫入流程相關的資料表。jsPlumb 有以下幾個特色：

- 可以用來建立各種具有連接線的圖形，例如流程圖、機構組織圖。

- 支援 jQuery，Toolkit 版本另外支援 Vue、React、Angular。

- 自動繪製流程線及路徑，並且提供多種樣式。

- 提供擴充的功能，方便二次開發。

jsPlumb 主要有以下基本元件：

- Anchor：節點上面可以與連接線串連的地方。

- Endpoint：連接線的前後兩個端點。

- Connector：連接線，有四種不同的形狀：Bezier、Straight、Flowchart、StateMachine，這裡使用 Flowchart。

- Overlay：連接線上的文字。

- Source：連接線的來源節點。

- Target：連接線的結束節點。

上面的元件，除了 Source、Target 沒有對應的類別，必須使用 jsPlumb API 來存取以外，其他元件都有相同名稱的類別以及類別方法可供操作。

截至 2021 年 8 月為止，jsPlumb 官網上面 Community 版本的文件說明對應的版本為 2.15.5，所以我們使用這個版本的檔案來開發系統。另外因為它的獨特性我們只會在個別網頁載入 jsPlumb，而不會放入 bundleconfig. json。

對於 jsPlumb 套件，我們建立了一個公用程式 wwwroot/js/base/Flow.js 來提供維護流程資料所需要的功能，它包裝了原始的 jsPlumb 類別來簡化資料的存取，Flow.js 所包含主要的公用函數依序說明如下：

- addLine：增加一條流程線。

- addNode：增加一個節點。

- deleteLine：刪除一條流程線。

- deleteNode：刪除一個節點。

- getLineProp：傳回流程線的屬性資料。

- init：初始化。

- loadLines：載入流程線到畫面上。

- loadNodes：載入節點。

- onAddEndNode：onClick 新增結束節點。

- onAddNormalNode：onClick 新增一般節點。

- onAddStartNode：onClick 新增開始節點。

- reset：清除畫面。

- showLineProp：顯示流程線屬性畫面。

- showNodeProp：顯示節點屬性畫面。

- showPopupMenu：顯示彈出式功能表。

三、設定流程資料

有了上面的流程維護功能後，你可以利用它來建立各種流程資料，它包含
三個設定畫面：流程維護、節點屬性、流程線屬性。以請假流程為例，進
入 HrAdm 系統的「3. 流程維護」作業，開啟請假流程這筆資料的編輯畫
面，如圖 12-2：

3.流程維護-修改　　　　　　　　　　　　　　　　　　　　　[儲存 💾] [回上一頁 ⬆]

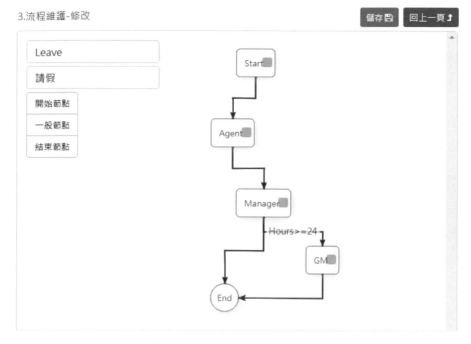

圖 12-2　請假流程的編輯畫面

畫面的左邊是兩個輸入欄位和三個功能按鈕，它們的用途為：

- 流程代碼欄位：用來表示流程的唯一代碼，系統執行時會讀取這個代碼，請假流程的代碼為 Leave。

- 流程名稱欄位：流程顯示名稱。

- 開始節點：新增一個開始節點，每個流程只能有一個開始節點，外觀為紅色方形 Start，節點裡面的橘色方形是用來拖拉到其他節點產生流程線。

- 一般節點：新增一個一般的節點，外觀為黑色方形。

- 結束節點：新增一個結束的節點，外觀為紅色圓形 End。

畫面的右邊是所建立的圖形化流程資料，除了開始和結束節點，這個請假流程總共有三個節點，分別為：Agent（代理人）、Manager（主管）、GM（總經理），當請假的時數（Hours 欄位）超過 24 小時，系統就會將資料送給總經理審核。

四、節點設定

節點用來設定簽核者的身份，你可以用滑鼠來移動它的位置，點選某個節點右鍵時系統會出現一個小的功能表，讓你編輯或是刪除所選取的元件，節點的設定畫面如圖 12-3：

圖 12-3　節點屬性設定畫面

欄位說明：

- 節點名稱：節點顯示名稱。

- 簽核人類別：表示簽核人員的種類，如果欄位內容前面有星號，則必須填寫下面的「簽核內容」欄位。

- 簽核內容：配合「簽核人類別」欄位，例如：畫面上的簽核人員類別為指定欄位，簽核內容為 AgentId，則表示這個節點的簽核人員為來源資料的 AgentId 欄位值。

五、流程線設定

拖拉節點右邊的橘色方形到另一個節點，可以產生流程線，點選流程線右鍵
出現的功能表，可以進行編輯或是刪除，它的設定畫面和說明如圖 12-4：

圖 12-4　流程線屬性設定畫面

- ■ 開始／結束節點：表示流程線的起迄。

- ■ 執行順序：一個節點可能會有多條流程線，當下面的執行條件不為空
  白時，系統會利用這個欄位值來決定流程線的判斷順序，數字小的先
  判斷。

- ■ 執行條件：你可以輸入多個執行條件，畫面表格中的第一個欄位可以
  選取 And ／ Or，用來表示條件是全部符合還是任一符合；欄位名稱
  為來源資料表的欄位，以請假流程為例，來源資料表為 Leave，則欄
  位 Hours 必須存在這個資料表中。

12-3 人員簽核畫面

HrAdm 的「1. 請假作業」是請假流程的起點，當你新增一筆請假資料之後，系統就會根據這筆資料的內容來建立流程簽核資料（XpFlowSign 資料表），以下表格是建立一筆請假資料後（請假 8 小時）XpFlowSign 資料表增加的記錄其大部分欄位內容：

FlowId	SourceId	NodeName	FlowLevel	TotalLevel	SignerId	SignerName	SignStatus
5ZM5H6ED1A	61DEYM4Q0A	Start	0	2	Alex	Alex Chen	1
5ZM5H6ED1A	61DEYM4Q0A	Agent	1	2	Nick	Nick Wang	0
5ZM5H6ED1A	61DEYM4Q0A	Manager	2	2	Nick	Nick Wang	0

圖 12-5 XpFlowSign 資料表內容

流程簽核資料建立後，可以開始對這一筆請假資料進行後續的簽核流程，以 Nick 的身份（帳號 / 密碼為 nn/nn）進入 HrAdm 的「2. 待簽核假單」作業，在圖 12-6 的列表畫面會顯示目前登入者的待簽核資料：

2.待簽核假單

請假人	假別	開始時間	結束時間	請假時數	關卡名稱	建檔時間	
Alex Chen	事假	2021/03/11 09:00	2021/03/11 18:00	8.0	Agent	2021/03/08 13:02:55	審核
Alex Chen	事假	2021/05/04 09:00	2021/05/04 18:00	8.0	Agent	2021/05/13 20:30:57	審核

每頁顯示 10 ÷ 筆,第1至2筆,總共2筆　　　　　　　　|< < 1 > >|

圖 12-6 待簽核假單

點選資料後面的「審核」按鈕，會進入審核畫面如圖 12-7，填寫「簽核狀態」、「備註」欄位，即可送出此筆資料到下一個關卡。

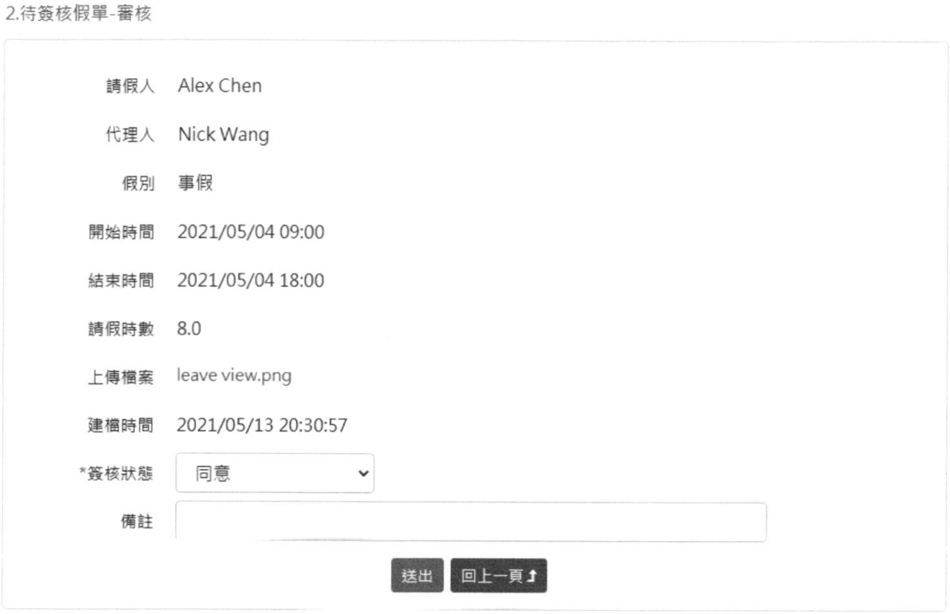

2.待簽核假單-審核

請假人	Alex Chen
代理人	Nick Wang
假別	事假
開始時間	2021/05/04 09:00
結束時間	2021/05/04 18:00
請假時數	8.0
上傳檔案	leave view.png
建檔時間	2021/05/13 20:30:57
*簽核狀態	同意
備註	

送出　回上一頁↑

圖 12-7　待簽核假單的審核畫面

12-4 查詢簽核資料

一個軟體系統可能包含多種簽核流程：請假、公文…等。HrAdm 的「4. 簽核資料查詢」是一個公用程式，功能名稱為 XpFlowSign，可以用來查詢所有的簽核資料，它的列表畫面如圖 12-8：

圖 12-8　簽核資料列表畫面

查詢資料的 SQL 記錄在 Services/XpFlowSignRead.cs 檔案，它會查詢資料表 XpFlowSign 內 FlowLevel＝0 的資料，內容如下：

```
select a.SourceId, a.SignerName, a.SignTime,
     FlowCode=f.Code, FlowName=f.Name
from dbo.XpFlowSign a
join dbo.XpFlow f on a.FlowId=f.Id
where a.FlowLevel=0
order by a.SignTime
```

點擊「檢視」按鈕可以查看明細內容，如圖 12-9：

4.簽核資料查詢-檢視

申請人：	Alex Chen
代理人：	Nick Wang
假別：	事假
開始時間：	2021/05/04 09:00
結束時間：	2021/05/04 18:00
請假時數：	8.0
上傳檔案：	leave view.png
建檔時間：	2021/05/13 20:30:57

簽核流程：

節點名稱	簽核人	簽核狀態	簽核時間	備註
Start	Alex Chen	送出	2021/05/13 20:30:57	
Agent	Nick Wang	未簽核		
Manager	Nick Wang	未簽核		

回上一頁 ↑

圖 12-9　簽核資料檢視畫面

12-5　流程核心程式

除了前面提到的「3. 流程維護」CRUD 功能會存取多個資料表，程式稍有變化之外，還有兩部分程式有特殊的邏輯，在此說明。

一、產生簽核資料

建立假單時，系統會呼叫公用程式 _XpFlow.CreateSignRows 來產生多筆簽核資料，同時傳入請假作業的流程代碼做為辨識，它的程式結構如圖 12-10：

```csharp
public static async Task<string> CreateSignRowsAsync(JObject row,
    string userFid, string flowCode, string sourceId, Db db)
{
    1.get flow lines by flow code

    2.get start node id/name

    //3.get matched lines
    var findIdxs = new List<int>(); //found lines for insert XpFlowSign
    while (true)
    {
        4.get lines of current node

        5.get matched line by condition string

        //add found line index
        findIdxs.Add(idx);

        //when end node then exit loop
        if (findLine.EndNodeType == NodeTypeEstr.End)
            break;

        //set node id/name for next loop
        nowNodeId = findLine.EndNodeId;
        nowNodeName = findLine.EndNodeName;
    }//loop

    6.prepare sql for insert XpFlowSign

    //insert XpFlowSign rows
    var totalLevel = findIdxs.Count - 1;
    var level = 0;   //current flow level, start 0
    foreach (var idx in findIdxs)
    {
        7.get signer Id/name by rules

        8.insert XpFlowSign
    }

    //case of ok
    return "";

    //case of error
lab_exit:
    return $"_XpFlow.cs CreateSignRows() failed(Flow.Code={flowCode}): {error}";
}
```

圖 12-10 _XpFlow.CreateSignRows 的程式結構

傳入參數：

- row：來源資料，如果是請假作業則為 Leave 資料列。

- userFid：來源資料的使用者欄位名稱，表示資料的擁有者。

- flowCode：流程代碼。

- sourceId：來源資料的 key 值。

- db：資料庫連線。

程式解說

(1) 讀取某個流程代碼（欄位為 XpFlow.Code）所有的流程線。

(2) 讀取開始節點。

(3) 尋找符合條件下的所有節點和對應的流程線。

(4) 讀取某個節點所有的流程線。

(5) 傳回某個節點符合條件的流程線。

(6) 準備用來寫入 XpFlowSign 資料表的 SQL 字串。

(7) 讀取某個流程線的簽核者資訊。

(8) 寫入 XpFlowSign 資料表。

二、人員簽核

審核人員在簽核時，系統會呼叫公用程式 _XpFlow.SignRow，來寫入簽核結果同時更新來源資料表，傳入參數 flowSignId 會對應到 XpFlowSign.Id，這個函數的程式結構如圖 12-11：

```
        public static async Task<ResultDto> SignRowAsync(string flowSignId,
           bool signYes, string signNote, string sourceTable)
        {
           1.check XpFlowSign row existed

           2.update XpFlowSign row

           #region 3.update source row FlowLevel/FlowStatus
           //flowStatus: Y(agree flow), N(not agree), 0(signing)
           var flowStatus = !signYes ? "N" :
               (Convert.ToInt32(row["FlowLevel"]) == Convert.ToInt32(row["Tot
               "0";

           //update source table
           var sourceId = row["SourceId"].ToString();
           sql = $@"
update {sourceTable} set
    FlowLevel=FlowLevel+1,
    FlowStatus='{flowStatus}'
where Id='{sourceId}'
";
           case ok error

           case of ok
           #endregion

        //case of error
        lab_error:
           if (db != null)
           {
               await db.RollbackAsync();
               await db.DisposeAsync();
           }
           return _Model.GetError(error);
        }
```

圖 12-11　簽核功能的程式結構

程式解說

(1) 檢查 XpFlowSign 的對應資料是否存在。

(2) 更新 XpFlowSign 的資料。

(3) 更新來源資料表的 FlowLevel 和 FlowStatus 欄位，以假單為例，來源資料表為 Leave。

CMS 功能

CMS 的全名為 Content Management System，一般稱作內容管理系統，它主要功能是內容的維護與發佈，常見的軟體有 WordPress、Joomla!…等。在一個軟體系統中經常會遇到類似的功能，像是：系統公告、最新消息、優惠折扣……，在這裡我們稱它們為 CMS 功能，這些功能具備三個特點：

1. 系統中類似的功能多。

2. 每個功能的欄位數目少。

3 不同的功能需要不同的欄位。

這樣的功能如果全部實作成為獨立的程式，容易造成要維護的程式和資料表過多，增加成本；在這裡我們希望建立一個方便的模組，可以用簡單的方法去維護所有的類似功能。在設計上它與「第 11 章　從 Excel 匯入」作業類似，都是繼承一個公用的 Controller 類別。

13-1　操作畫面

以 HrAdm 系統的「11. 最新消息維護」為例，在操作上它是一個標準的 CRUD 功能，有固定的查詢條件和查詢結果欄位，它的列表畫面如圖 13-1：

11.最新消息維護

主旨	開始時間	結束時間	資料狀態	建檔時間	維護
優惠折扣	2021/04/01 00:00	2021/05/01 22:00	正常	2021/04/02 16:23:12	✏ ✖ 👁
美食料理	2021/04/01 09:00	2021/05/01 18:00	正常	2021/04/01 18:51:53	✏ ✖ 👁

每頁顯示 10 筆, 第 1 至 2 筆, 總共 2 筆

圖 13-1　最新消息維護作業

13-2　相關公用程式

我們建立一個 XpCms 公用程式來處理所有的 CMS 功能，它是一個標準的 CRUD 功能，包含的檔案如下，這些檔案的結構與一般的 CRUD 大致相同：

- Controller：Controllers/XpCmsController.cs
- Sevice：Services/XpCmRead.cs、XpCmEdit.cs
- View：Views/XpCms/Read.cshtml
- JavaScript：wwwroot/js/view/XpCms.js

一、Controller

XpCmsController 是所有 CMS 功能的上層類別，用來處理共同的行為，它包含以下的屬性，這些屬性會在每個 CMS 功能中個別設定：

- CmsType：每個 CMS 功能會有自己的類別做為區別。

- DirUpload：HTML 欄位中圖檔的儲存目錄。

- EditDto：用來決定 CMS 功能可以編輯的欄位清單，它裡面的屬性會對應到 Cms 資料表的欄位。

XpCmsController 在內容與一般的 CRUD Controller 類似，但是會考慮不同 CmsType 的差異，以下是這些差異的 Action 內容：

```
//use shared view
public ActionResult Read() {
    ViewBag.CmsType = CmsType;
    return View("/Views/XpCms/Read.cshtml", EditDto); //public view
}

//read rows with cmsType
[HttpPost]
public async Task<ContentResult> GetPage(DtDto dt) {
    return JsonToCnt(await new XpCmsRead(CmsType).GetPageAsync(Ctrl, dt));
}

//by dirUpload & cmsType
[HttpPost]
public async Task<JsonResult> Create(string json, IFormFile t0_FileName) {
    return Json(await EditService().CreateAsnyc(_Json.StrToJson(json),
        t0_FileName, DirUpload, CmsType));
}

//by dirUpload
[HttpPost]
public async Task<JsonResult> Update(string key, string json,
    IFormFile t0_FileName) {
    return Json(await EditService().UpdateAsnyc(key, _Json.StrToJson(json),
```

```
            t0_FileName, DirUpload));
}

//by cmsType
public async Task<FileResult> ViewFile(string table, string fid, string key,
string ext) {
    return await _Xp.ViewCmsTypeAsync(fid, key, ext, CmsType);
}
```

程式解說

- Read：傳回列表畫面，由於所有 CMS 功能共用這個頁面，會固定傳回 Views/XpCms/Read.cshtml。

- GetPage：從資料庫讀取某個 CmsType 的分頁資料。

- Create：寫入一筆新資料時會同時寫入 CmsType，並且將 HTML 欄位裡面的圖檔上傳到某個 CMS 功能的指定目錄。

- Update：更新資料時同時更新 HTML 欄位中的圖檔到指定目錄。

- ViewFile：檢視欄位的上傳檔案時，必須到 CmsType 的指定目錄。

二、Service

XpCmRead.cs 在讀取分頁資料時，增加了一個 CmsType 的欄位條件來過濾資料，程式如下，這個條件由 Controller 傳入：

```
private ReadDto GetDto()
{
    return new ReadDto()
    {
        ReadSql = $@"
select *
from dbo.Cms
where CmsType='{_cmsType}'
order by Id desc
```

```
",
        Items = new[] {
            new QitemDto { Fid = "Title", Op = ItemOpEstr.Like },
        },
    };
}
```

XpCmEdit.cs 配合 XpCmsController Action，會在存取資料時考慮 CmsType 和其指定的圖檔上傳目錄，除此之外無其他差異。

三、View

Views/XpCms/Read.cshtml 包含列表畫面和編輯畫面，其中編輯畫面會判斷某個欄位是否需要顯示，這個設定由每個 CMS 功能個別設定，編輯畫面這部分的程式碼如圖 13-2，另外，頁面 JavaScript XpCms.js 與其他 CRUD 功能的內容無異，無須特別處理：

```
<form id='eform' class='xg-form'>
    @await Component.InvokeAsync("XiHide", new XiHideDto { Fid = "Id"

    @if (Model.Title != null)
    {
        @await Component.InvokeAsync("XiText", new XiTextDto { Title
    }
    @if (Model.Text != null)
    {
        @await Component.InvokeAsync("XiTextarea", new XiTextareaDto
    }
    @if (Model.Html != null)
    {
        @await Component.InvokeAsync("XiHtml", new XiHtmlDto { Title
    }
    @if (Model.Note != null)
    {
        @await Component.InvokeAsync("XiTextarea", new XiTextareaDto
    }
```

圖 13-2 CMS 編輯畫面的檔案內容

13-3　實作 CMS 功能

以「11.最新消息維護」為例，功能名稱為 CmsMsg，它包含的全部檔案只有一個 CmsMsgController.cs，內容如下：

```
public class CmsMsgController : XpCmsController
{
    //constructor, localization syntax
    public CmsMsgController(IStringLocalizer<CmsMsgController> R)
    {
        CmsType = CmsTypeEstr.Msg;
        DirUpload = _Xp.DirCmsType(CmsType);
        EditDto = new CmsEditDto()
        {
            Title = R["Title"].Value,
            Text = R["Text"].Value,
            //Html = R["Html"].Value,
            Note = R["Note"].Value,
            FileName = R["FileName"].Value,
            StartTime = R["StartTime"].Value,
            EndTime = R["EndTime"].Value,
        };
    }
}
```

CmsMsgController 繼承 XpCmsController 類別，不必改寫任何 Action，就可以具備完整的 CRUD 功能。在建構函數裡面設定屬性，其中 EditDto 是一個 CmsEditDto 類別變數，類別屬性對應 Cms 資料表的欄位，這個屬性代表編輯畫面的欄位標題，如果有值，則該欄位會出現在編輯畫面；例如在上面的程式中，有 Title 等六個欄位被設定為可以編輯，如果你把上面程式碼的 Html 欄位的註解拿掉，則編輯畫面就會出現 Html 這個欄位。你可以根據功能的實際需求輕易實作。另外，為配合多國語功能，Controller 建構子傳入 IStringLocalizer 類型參數，這是 ASP.NET Core DI（Dependency Injection）的標準用法，編輯畫面如圖 13-3：

11.最新消息維護-修改

圖 13-3　最新消息維護作業的編輯畫面

13-4　存取資料表

所有的 CMS 功能都會存取相同的資料表 Cms，我們用其中的 CmsType 欄位來區分不同的功能，這個資料表的欄位必須最大化包含所有 CMS 功能的欄位，如果你所開發的功能需要的欄位不在以下清單中，請務必把它們加入 Cms 資料表，欄位內容說明如下：

- Id：主鍵欄位，資料唯一代碼。

- CmsType：CMS 資料種類，對應 XpCmsController 的 CmsType 屬性。

- Title：主旨欄位。

- Text：內容欄位。

- Html：HTML 欄位，其中的圖檔會上傳到個別的指定目錄。

- Note：備註欄位。

- FileName：上傳檔案欄位。

- StartTime：開始時間欄位。

- EndTime：結束時間欄位。

- Status：資料狀態。

- Creator、Created、Reviser、Revised：建立 / 修改資料的人員 / 時間。

Cms 資料表的部分內容如圖 13-4：

Id	CmsType	Title	Text	Html	StartTime	EndTime
609SZPRPXA	Msg	美食料理	在臺北，您每個所..	<p><span styl..	2021-04-01..	2021-05-01..
60AL9BV51A	Msg	優惠折扣	全球最大的國際保..	NULL	2021-04-01..	2021-05-01..

圖 13-4　Cms 資料表的部分內容

系統功能權限

系統功能權限的意思是讓使用者可以執行或存取權限範圍內的功能或資料，這裡使用三個權限等級：第一是 Controller 等級，只控制能不能執行某個完整的作業，當使用者進入該作業之後，他可以執行裡面所有的按鈕或是子功能；第二是 Action 等級，例如系統可以針對某個作業，設定其中的新增、查詢、修改、刪除等 CRUD 子功能的權限；第三是 Data 等級，使用者在執行作業內的每個子功能時，只能存取權限範圍內的資料。

在系統一開始，我們會先指定系統可以執行的最大權限等級，以 HrAdm 系統為例，它的權限等級設定為第三種：Data，代表這個系統的每個作業功能可以依實際需要分別設定為第一、二、三等級。

除了建立所需要的資料表，系統功能權限在實作上包含兩個部分，第一是功能權限的設定，它的用途是維護權限設定相關資料表，這部分由三個 CRUD 功能來實現：用戶管理、角色維護，及功能維護。第二是功能權限的套用，目的是使用者在執行功能或是子功能時，檢查權限是否合法或是調整存取的資料範圍，這部分我們會建立 Action Filter 來實現。

14-1 相關資料表

與權限有關的資料表有五個，資料表前面的 Xp 用來表示系統資料表，在一般情況下，它們的欄位內容在所有專案都會相同，以下為相關資料表，同時針對資料表中比較特殊的欄位說明如下：

1. User：用戶基本資料。

2. XpRole：角色基本資料。

3. XpProg：系統功能基本資料。

   - Code：對應功能名稱或是 Controller，例如：User。

   - Url：功能路徑，指向 Controller Action，例如：/User/Read。

   - AuthRow：表示該功能是否為第三級 Data 等級權限，如果為真則在維護 XpRoleProg 資料表時，可以針對 CRUD 子功能設定存取的資料範圍。在編輯畫面中只有當系統是 Data 等級權限時，這個欄位才會出現。

   - FunCreate：表示有無新增功能。

   - FunRead：表示有無查詢功能，其他 Fun 開頭的欄位相似。

   - FunOther：保留將來系統擴充。

4. XpUserRole：用戶角色資料。

5. XpRoleProg：角色功能資料。

   - FunCreate：表示有無新增功能。

   - FunRead：表示查詢功能的狀態，欄位種類與系統的權限等級有關，Action 等級時為 CheckBox 欄位，Data 等級則為下拉式欄位，其他 Fun 開頭的欄位相似。

資料表之間的關聯如圖 14-1，箭頭表示多筆資料：

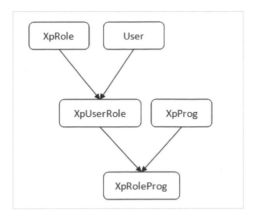

圖 14-1 權限相關資料表的關聯

14-2 功能權限設定

我們在「第 4 章 人事管理系統」簡單介紹過用戶管理、角色維護、功能維護這三個 CRUD 功能，它們所維護的資料表如下：

- 用戶管理：維護 User、XpUserRole。
- 角色維護：維護 XpRole、XpUserRole、XpRoleProg。
- 功能維護：維護 XpProg、XpRoleProg。

在「角色維護」和「功能維護」兩個作業都會編輯 XpRoleProg 資料表中的 CRUD 子功能欄位（FunCreate、FunRead……），如果系統的權限等級為 Action，那麼這些欄位只需要記錄功能的有無，所以使用 CheckBox 欄位；如果是 Data 權限等級則會改成下拉式欄位，這樣你可以設定這些子功能的資料存取範圍為個人、部門或全部。圖 14-2 是 HrAdm 的「7. 功能維護」作業中編輯畫面的角色功能區域，圖上方的系統權限等級為 Action，下方則改為 Data 等級所呈現的外觀，其中 CRUD 子功能欄位內容已經由 CheckBox 變成下拉式：

圖 14-2　功能維護作業的 CRUD 功能的欄位類型比較

14-3　相關公用程式

一、XgProgAuthAttribute.cs

檔案為 BaseWeb/Attributes/XgProgAuthAttribute.cs，它是一個 Action Filter，用來檢查使用者執行某個功能時權限是否符合。程式結構如圖 14-3：

```
public override void OnActionExecuting(ActionExecutingContext context)
{
    //1.check program right
    var ctrl = (string)context.RouteData.Values["Controller"];  //ctrl
    var userInfo = _Fun.GetBaseUser();
    var isLogin = userInfo.IsLogin;
    if (isLogin && _XpProg.CheckAuth(userInfo.ProgAuthStrs, ctrl, _fun
    {
        //case of ok
        base.OnActionExecuting(context);
        return;
    }

    2.set variables

    //return error
    if (returnType == "ActionResult")
    {
        3.return view: Login/NoProgAuth
    }
    else if (returnType == "JsonResult")
    {
        //4.return error model
        context.Result = new JsonResult(new
        {
            Value = new ResultDto() { ErrorMsg = error }
        });
    }
    else
    {
        //5.return error json(ContentResult)
        var json = _Json.GetError(error);
        context.Result = new ContentResult()
        {
            Content = _Json.ToStr(json),
        };
    }
}
```

圖 14-3 XgProgAuthAttribute.cs 的程式結構

程式解說

(1) 檢查執行權限是否符合，系統會傳入 Controller 名稱和執行的 CRUD 子功能，同時比對 Session 裡面的權限資料，如果符合條件則直接放行。

(2) 設定相關變數。

(3) 前端要求傳回頁面時，如果使用者未登入則導向登入頁面，否則顯示無權限頁面。

(4) 前端要求傳回 JsonResult 時，會寫入錯誤訊息，再由前端顯示。

(5) 前端要求傳回 ContentResult，處理方式類似步驟 (4)。

二、_XpProg.cs

檔案路徑為 Base/Services/_XpProg.cs，它包含以下和權限有關的公用函數：

- CheckAuth：檢查某個 Controller 或是 Action 的權限是否符合。

- CheckCreate：檢查是否有新增的權限，如果沒有，則列表畫面的新增按鈕應該要隱藏。例如在「1. 請假作業」的 Views/Leave/Read. cshtml 增加了以下判斷：

```
@if (_XpProg.CheckCreate("Leave"))
{
    <div class='xg-btns-box'>
        @await Component.InvokeAsync("XgCreate")
    </div>
}
```

- GetAuthRange：傳回某個 CRUD 子功能的權限範圍。

- GetAuthStrs：傳回登入者的權限內容字串，使用者成功登入後系統會呼叫這個函數，然後將回傳的字串存到 Session 裡面。

14-4　功能權限套用

一、功能權限的內容

以 HrAdm 系統為例，在 Startup.cs 會呼叫 _Fun.Init 函數，同時傳入權限等級為 Data 的參數。當使用者成功登入之後，系統會呼叫公用程式 _XpProg.GetAuthStrs 函數來讀取使用者的權限資料，然後儲存在 Session 裡面，圖 14-4 是這個函數所讀取的資料庫內容，其中 Id 欄位表示功能代碼，Str 欄位表示該功能細項的權限範圍：

	Id	Str
1	Leave	112112210
2	LeaveSign	001100000
3	UserExt	001100000
4	XpFlowSign	001000000

圖 14-4　使用者的權限資料內容

另外，Str 欄位的內容有 9 個數字，第一個數字對應欄位 XpProg.AuthRow，第二個數字開始依序為每個 CURD 子功能的權限範圍，如果為 0 表示無執行權限，在 Action 等級權限範圍 1 表示有權限，在 Data 等級則為 1：個人、2：部門、9：全部範圍。子功能的順序我們定義在 CrudEnum 這個列舉型態，底下最後一個 Empty 就是用來做程式的判斷，不會出現在權限資料裡面：

```
public enum CrudEnum
{
    AuthRow,
    Create,
    Read,
    Update,
    Delete,
    Print,
```

```
    Export,
    View,
    Other,
    Empty = 99
}
```

儲存在 Session 裡面的權限資料，其內容格式會依系統的權限等級有所不同，Controller 等級的資料內容為多個功能代碼之間以逗號分隔，例如：User,XpRole,XpProg…等；Action 和 Data 等級則稍微複雜，格式為：功能代碼 + 冒號 + 多個 Action 的權限範圍，功能之間以逗號分隔，例如：Leave:112112210,XpProg:12011111,…等。

二、套用 XgProgAuth Filter

前面提到的公用程式 XgProgAuthAttribute 在應用時會以 DataAnnoations 的形式加在 Controller 或是 Action 的前面，以「1. 請假作業」為例，LeaveController.cs 檔案的部分內容如圖 14-5，在需要驗證權限的 Action 前面加上 XgProgAuth DataAnnoations，同時傳入 CRUD 子功能做為參數，如果是對 Controller 做驗證，則在 Controller 前面加上 XgProgAuth，不必傳入參數：

```
public class LeaveController : Controller
{
    0 references
    public ActionResult Read() ...

    [HttpPost]
    [XgProgAuth(CrudEnum.Read)]
    0 references
    public ContentResult GetPage(DtDto dt) ...

    [HttpPost]
    [XgProgAuth(CrudEnum.View)]
    0 references
    public ContentResult GetJson(string key) ...

    [HttpPost]
    [XgProgAuth(CrudEnum.Create)]
    0 references
    public async Task<JsonResult> Create(string json, IFormFile

    [HttpPost]
    [XgProgAuth(CrudEnum.Update)]
    0 references
    public async Task<JsonResult> Update(string key, string json
```

圖 14-5　Controller 加上 CRUD 存取限制

三、查詢功能套用資料權限

不同的 CRUD 子功能在套用資料權限時會有不同的處理方式，以「1. 請假作業」為例，它的權限等級為 Data，執行查詢或匯出功能時，系統會限制只能讀取權限內的資料，在 LeaveRead.cs 的 ReadDto 類別變數中，WhereUserFid 和 WhereDeptFid 屬性使用系統的預設值，在公用程式 CrudRead.cs 的 GetWhere 函數中，系統會讀取使用者在這個作業的權限範圍，然後按照實際狀況加上查詢條件來限制只能讀取個人或是部門的資料，程式如下：

```
#region 2.where add for AuthType=Data if need
if (_Fun.IsAuthTypeData())
{
    var baseUser = _Fun.GetBaseUser();
    var range = _XpProg.GetAuthRange(ctrl, crudEnum,
        baseUser.ProgAuthStrs);
    if (range == AuthRangeEnum.User)
    {
        //by user
        where += and + string.Format(readDto.WhereUserFid,
            baseUser.UserId);
        and = " And ";
    }
    else if (range == AuthRangeEnum.Dept)
    {
        //by depart
        where += and + string.Format(readDto.WhereDeptFid,
            baseUser.DeptId);
        and = " And ";
    }
}
#endregion
```

四、編輯功能套用資料權限

另外，在使用者點擊修改、刪除、檢視功能時，系統會執行 CrudEdit.cs 的
CheckAuthTypeData 函數來判斷所選取的這筆資料的相關欄位是否滿足權
限的要求，程式內容如下：

```
private string CheckAuthTypeData(JObject data, CrudEnum crudEnum)
{
    var range = _XpProg.GetAuthRange(_ctrl, crudEnum);
    if (range == AuthRangeEnum.User)
    {
        if (!_Json.IsFidEqual(data, _Fun.UserFid, _Fun.UserId()))
            return "NoAuthUser";
```

```
    }
    else if (range == AuthRangeEnum.Dept)
    {
        if (!_Json.IsFidEqual(data, _Fun.DeptFid, _Fun.DeptId()))
            return "NoAuthDept";
    }


    //case else
    return "";
}
```

如果權限不符合，則會顯示如圖 14-6 的類似訊息：

圖 14-6　權限不符合時的顯示訊息

同時，在編輯功能程式 LeaveEdit.cs 設定的 EditDto 類別變數 ReadSql 屬性中，所讀取的資料會加上使用者和部門的欄位，欄位名稱使用系統常數 _Fun.UserFid、_Fun.DeptFid，這樣系統就可以辨視資料所屬的使用者和部門，如圖 14-7：

```
        override public EditDto GetDto()
        {
            var locale = _Xp.GetLocale0();
            return new EditDto
            {
                Table = "dbo.Leave",
                PkeyFid = "Id",
                ReadSql = $@"
select l.*,
    FlowStatusName=c.Name_{locale},
    CreatorName=u.Name,
    ReviserName=u2.Name,
    {_Fun.UserFid}=u3.Id, {_Fun.DeptFid}=u3.DeptId
from dbo.Leave l
join dbo.XpCode c on c.Type='FlowStatus' and l.FlowStatus
join dbo.[User] u on l.Creator=u.Id
left join dbo.[User] u2 on l.Reviser=u2.Id
join dbo.[User] u3 on l.UserId=u3.Id
where l.Id='{{0}}'
",
```

圖 14-7 LeaveEdit.cs 設定資料所屬的使用者和部門

簡單報表

Excel 報表是軟體系統中常見的功能，有許多比較簡單的報表其資料來源只需要一個 SQL 就可以完成，再配合一支程式來自動執行與寄送報表，這樣的功能對於系統快速產生報表的能力有很大的幫助，而且程式結構簡單，容易實作。

我們在 HrAdm 系統中建立了一個「12. 簡單報表維護」作業，它是一個 CRUD 功能，用來維護 XpEasyRpt 資料表，每一筆資料代表一個 Excel 報表，你可以在這裡新增所需要的多個報表，再配合一個排程程式來自動產生這些報表，同時以附檔的方式郵寄給指定的人員，圖 15-1 是這個功能的編輯畫面：

簡單報表維護-修改

*報表名稱	用戶資料報表
*Excel範本檔	User.xlsx
收件者Email❶	abc@gmail.com
*Sql	select Name, Account, DeptId, Status from dbo.[User]
啟用	✔ 是

儲存💾　回上一頁⬆

圖 15-1　簡單報表維護作業的編輯畫面

這裡的報表功能和「第 10 章 匯出 Excel」使用相同的公用程式，不同的是，「匯出 Excel」是從畫面讀取使用者輸入的查詢條件來產生 Excel 檔案，而這裡的報表功能則是直接利用編輯畫面所設定的 SQL 內容來產生 Excel 檔案。

15-1 相關資料表

圖 15-1 的編輯畫面會寫入 XpEasyRpt 資料表，它在不同的專案都有相同的欄位內容，說明如下：

- Id：主鍵值，資料唯一代碼，在畫面上為隱藏欄位。
- Name：報表名稱，會出現在寄送郵件主旨。
- TplFile：Excel 範本檔案名稱，檔案格式與「第 10 章 匯出 Excel」相同，這裡只是單純記錄這個檔案名稱，在編輯畫面上沒有上傳的動作。
- ToEmails：收件者信箱，多個收件者中間以逗號分隔。
- Sql：匯出資料的 SQL 內容，輸出欄位必須配合範本檔案。
- Status：表示資料狀態，下面的 Console 程式會固定讀取資料狀態為 1（啟用）的報表。

15-2 Console 程式

我們另外建立了一個 EasyRpt 專案（https://github.com/bruce68tw/EasyRpt），它的用途是讀取 XpEasyRpt 資料表所有的報表記錄，然後產生對應的 Excel 報表，再分別郵寄給指定人員。這是一個 Console 專案，編譯後會產生 exe 執行檔，你可以設定一個排程來定期執行它，以達到自動化的目的。專案內容如圖 15-2，它會參照 Base project，其中的 EasyRptData 目錄用來存放你建立的所有 Excel 範本檔案：

圖 15-2 EasyRpt 專案內容

Program.cs 檔案裡面的 Main 函數是專案的啟動程式，它和 Web 系統的
Startup.cs 的內容有些類似，程式如下：

```
static void Main(string[] args)
{
    //1.initial & load EasyRptConfig.json
    IConfiguration configBuild = new ConfigurationBuilder()
        .AddJsonFile("EasyRptConfig.json", optional: true,
            reloadOnChange: true)
        .Build();

    //2. "FunConfig" section -> _Fun.Config
    var config = new ConfigDto();
    configBuild.GetSection("FunConfig").Bind(config);
    _Fun.Config = config;

    //3.setup our DI
    var services = new ServiceCollection();

    //4.base user info for base component
    services.AddSingleton<IBaseUserService, BaseUserService>();

    //5.ado.net for mssql
    services.AddTransient<DbConnection, SqlConnection>();
```

```
        services.AddTransient<DbCommand, SqlCommand>();

        //6.initial _Fun by mssql
        IServiceProvider diBox = services.BuildServiceProvider();
        _Fun.Init(false, diBox);

        //7.run main
        new MyService().Run();
}
```

程式解說

(1) 初始化並且載入相同目錄下的 EasyRptConfig.json 組態檔。

(2) 把組態檔的 FunConfig 區段內容寫入 _Fun.Config 變數供系統讀取。

(3) 建立 Service Collection。

(4) 設定讀取登入者的基本資料的服務程式,系統的許多核心程式會需要讀取這裡的基本資料。

(5) 註冊 SqlConnect、SqlCommand 類別,它表示我們所要存取的是 MSSQL 資料庫。

(6) 初始化 _Fun 類別,同時傳入 IServiceProvider 類型變數。

(7) 執行主程式 MyService 的 Run 函數。

另外,MyService.cs 是產生 Excel 報表的主要程式,它的程式結構如圖 15-3:

```
public async Task RunAsync()
{
    const string preLog = "EasyRpt: ";
    await _Log.InfoAsync(preLog + "Start.");

    1.read XpEasyRpt rows

    //send report loog
    var smtp = _Fun.Smtp;
    foreach (var rpt in rpts)
    {
        2.set mailMessage

        //3.sql to Memory Stream docx
        var ms = new MemoryStream();
        var docx = _Excel.FileToMsDocx(_Fun.DirRoot + "EasyRptData/" + rpt["Tpl
        await _Excel.DocxBySqlAsync(rpt["Sql"].ToString(), docx, 1, db);
        docx.Dispose(); //must dispose, or get empty excel !!

        //4.set attachment
        ms.Position = 0;
        Attachment attach = new Attachment(ms, new ContentType(ContentTypeEstr.
        attach.Name = rptName + ".xlsx";
        msg.Attachments.Add(attach);

        //5.send email
        await _Email.SendByMsgAsync(msg, smtp);    //sync send for stream attac
        ms.Close(); //close after send email, or get error: cannot access a clo

        await _Log.InfoAsync(preLog + "Send " + rptName);
    }

    6.close db & log
}
```

圖 15-3 EasyRpt 的程式結構

程式解說

(1) 讀取 XpEasyRpt 資料表。

(2) 準備要寄送的郵件內容。

(3) 讀取 SQL 資料和 Excel 範本，產生 Excel 檔案的記憶體形式。

(4) 產生郵件附加檔案（記憶體形式）。

(5) 寄送郵件。

(6) 關閉資料庫同時把執行結果寫入 Log。

15-3 寄送郵件

系統的 SMTP 設定記錄在 EasyRptConfig.json 組態檔的 FunConfig.Smtp 欄位，它包含六個以逗號分隔的欄位，如圖 15-4：

```
"FunConfig": {
  "SystemName": "EasyRpt系統",
  "Db": "data source=(localdb)\\mssqllocaldb;initial catalog=Hr;integr
  "Locale": "zh-TW",
  "LogSql": "true",
  "LogDebug": "true",
  /* Smtp: 0(Host),1(Port),2(Ssl),3(Id),4(Pwd),5(FromEmail),6(FromName
  "Smtp": "smtp.gmail.com,587,true,xxx@gmail.com,xxx,service@corp.com,
}
```

圖 15-4 EasyRpt SMTP 組態設定

如果在這裡使用 Gmail 帳號來寄送郵件，那麼就必須降低這個帳號的安全等級，設定的網址為 https://www.google.com/settings/security/lesssecureapps，否則系統在傳送 Email 時，會出現權限不足的錯誤訊息。

實際執行 EasyRpt Console 程式後，它從 XpEasyRpt 資料表讀取了一筆報表資料（用戶資料報表），產生一個 Excel 報表附檔，並且寄送到指定的 Gmail 信箱，圖 15-5 是收件匣看到的信件內容：

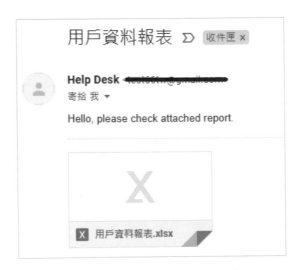

圖 15-5 EasyRpt 外寄信件內容

多國語

多國語是指軟體系統的操作畫面可以按照需求切換成不同的語系,由於全球化的趨勢,這樣的功能愈來愈重要。在實作上,我們會處理以下六個部分,每個部分的處理方式皆不相同,下面以 HrAdm 系統做說明:

(1) 前端網頁:使用者的操作畫面。

(2) 後端顯示元件:後端程式建立的 UI 元件。

(3) JavaScript 訊息:在 JavaScript 顯示多國語訊息。

(4) 下拉式欄位內容:下拉式欄位的資料清單內容。

(5) 日期資料:日期輸入欄位和日期資料顯示。

16-1 前端網頁

前端網頁是使用者的操作畫面,ASP.NET Core 的網頁稱做 View,副檔名為 .cshtml。Resx Manager 是一個方便的免費工具,用來編輯多國語資源檔案,它提供方便的操作介面和功能,可以同時維護多個語系的資料。操作畫面如圖 16-1,包含了三種語系:

圖 16-1　Resx Manager 操作畫面

一、共用資源檔

多國語資源檔案有兩種：共用和非共用。共用資源檔可以提供多個 View 使用，其內容是經常出現的文字，做成共用資源檔可以省去在個別資源檔案重複輸入這些資料，實作步驟如下：

1. 在 Web 專案根目錄下建立一個共用資源類別，考慮簡短的類別名稱在 View 使用時比較方便，所以這裡取名 R0，路徑為 HrAdm/R0.cs，內容如下：

```
public class R0
{
    private readonly IStringLocalizer _localizer;
    public R0(IStringLocalizer<R0> localizer)
    {
        _localizer = localizer;
    }
}
```

2. 在 Web 專案根目錄下新增 Resources 目錄，在底下新增 R0 資源檔，
   然後用 Resx Manager 編輯這個檔案，加入所需要的欄位，該目錄會
   根據你所建立多個語系產生對應的資源檔，如圖 16-2 為三個語系的
   檔案：

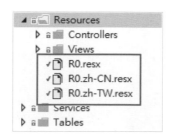

圖 16-2 共用資源檔 R0 的檔案清單

3. 在 View 檔案注入共用資源，以 HrAdm「9. 自訂輸入欄位」 Views/
   CustInput/Read.cshtml 為例，最上方的程式碼如下，其中第一行即是
   注入共用資源（第二行注入非共用資源），同時以 R0 這個變數來表示
   共用資源：

```
@inject IHtmlLocalizer<HrAdm.R0> R0
@inject IViewLocalizer R

<script src="~/js/view/CustInput.js"></script>
<script type="text/javascript">
    $(function () {
        _me.init();
    });
</script>

@await Component.InvokeAsync("XgProgPath",
    new { names = new string[] { R0["MenuCustInput"].Value } })
    ...
```

上面程式碼最後一行的 R0["MenuCustInput"].Value 表示讀取共用資源檔的 MenuCustInput 欄位，它的資源檔內容如下：

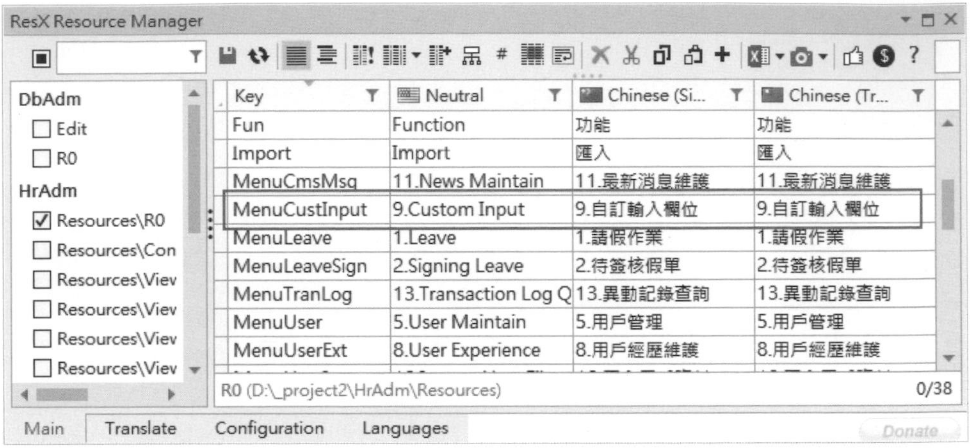

圖 16-3　資源檔內容

二、非共用資源檔

非共用資源檔案用在個別的 Controller、View、Service 檔案，以上面的 CustInput View 為例，它的實作步驟如下：

1. 建立 Resources/Views/CustInput 目錄，然後在這個目錄下建立多國 語檔案，檔名必須與 View 的名稱相同（Read.cshtml），如圖 16-4：

圖 16-4 Read.cshtml 的資源檔

2. 在 View 檔案注入非共用資源，如上面 Read.cshtml 程式碼的第二行，在程式中讀取資源檔欄位的方式與共用資源檔相同。

16-2 後端顯示元件

一個系統中會有許多可以重複使用的元件，提供給不同的專案或是不同的畫面使用，來避免重複的程式碼。

後端顯示元件指的是從後端程式所產生出來的具備外觀的元件，做法上使用 ASP.NET Core 的 View Component，它們全部位於 BaseWeb/ViewComponents 目錄下，任何 Web 專案直接參照 BaseWeb 專案後即可引用，檔案名稱前面的 Xg 表示一般的元件，Xi 表示自訂輸入欄位，它也是公用元件的一種，部分檔案清單如圖 16-5：

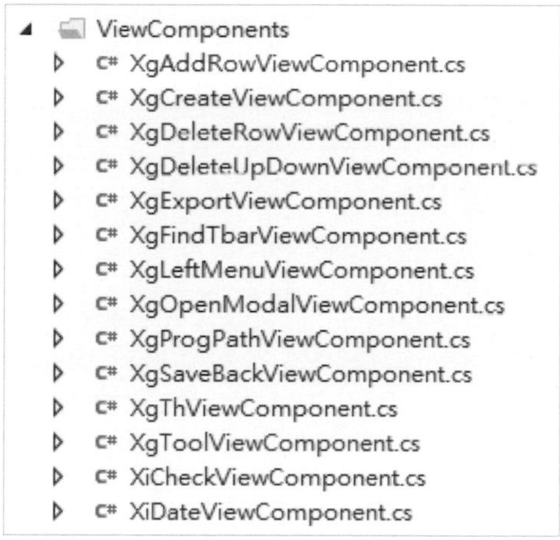

圖 16-5 後端顯示元件清單

圖 16-6 是 HrAdm「1. 假單作業」的列表畫面，檔案為 Views/Leave/Read.cshtml，畫面中的「新增」按鈕是我們製作的一個後端元件，元件名稱為 XgCreate：

圖 16-6　請假作業的新增按鈕

當你在 appsettings.json 設定語系欄位 FunConfig.Locale 為 zh-TW 時，這個按鈕上的文字為「新增」，如果你改為 en-US，則顯示文字會變成「Create」。這個種類的多國語資料我們儲存在 wwwroot/locale/[語系]/BR.json 這個文字檔案中，每個語系都有自己的 BR.json，其中 BR 是 Base Resource 的意思。系統實作這種類型的多國語功能的步驟如下：

1. 建立每個語系的 BR.json 檔案。

2. 系統使用 BaseResDto 類別來對應 BR.json 的欄位及內容，如果你要增加 BR.json 的欄位時，也要同時增加 BaseResDto 的同名屬性。公用程式 BaseWeb/Services/_Locale.cs 的 GetBaseRes 函數可以傳回目前登入者語系的 BR.json，資料型態為 BaseResDto。

3. 傳回 BaseResDto 後，可以直接讀取裡面的欄位，如以下「新增」元件
   的 程 式 碼 BaseWeb/ViewComponents/XgCreateViewComponent.cs，
   系統讀取 BtnCreate 屬性做為按鈕的顯示文字：

```
public class XgCreateViewComponent : ViewComponent
{
    public HtmlString Invoke(string fnOnClick = "_crud.onCreate()")
    {
        var label = _Locale.GetBaseRes().BtnCreate;
        return new HtmlString($@"
<button type='button' class='btn btn-success xg-btn-size'
onclick='{fnOnClick}'>
    {label}
    <i class='ico-plus'></i>
</button>");
    }
}
```

16-3 JavaScript 訊息

有時候我們需要在前端 JavaScript 顯示多國語文字，歸納之後有以下三個
使用的場景：

一、公用程式

公用程式的內容是一些經常用到的函數，整個專案都可以呼叫使用。在
HrAdm 專案中，我們把它整理在的 wwwroot/js/base 目錄下，檔案名稱
為底線開頭表示靜態類別，否則為非靜態類別。這些公用程式用到的多
國語資料我們存放在 wwwroot/locale/[語系]/_BR.js，每個語系有自己的
_BR.js 檔案，程式在讀取多國語資料時直接用 _BR.XXX 即可，XXX 為其中
的欄位名稱，以下是 zh-TW _BR.js 的部分內容：

```
//resource for js base component
var _BR = {
    //=== moment.js convert these to UI format ===
    MmUiDateFmt: 'YYYY/MM/DD',              //match datepicker format
    MmUiDtFmt: 'YYYY/MM/DD HH:mm:ss',
    MmUiDt2Fmt: 'YYYY/MM/DD HH:mm',         //no second
    //DateShowFormat: 'YYYY 年 MM 月 DD 日 ',

    //row status
    StatusYes: ' 正常 ',
    StatusNo: ' 停用 ',
    Yes: ' 是 ',
```

我們在 Visual Studio 安裝了 BuildBundlerMinifier 套件，它可以把不同語系的 JavaScript 檔案分別合併，在它的組態檔案 bundleconfig.json 中，我們除了把 base 目錄下的公用程式合併成 my.js，也會把不同語系下的 .js 檔案合併成 [語系].js，例如 zh-TW.js。bundleconfig.json 這部分的內容如下：

```
{
    "outputFileName": "wwwroot/js/my.js",
    "inputFiles": [
        "wwwroot/js/base/*.js",
        "wwwroot/js/view/_*.js"
    ],
    "minify": {
        "enabled": true,
        "renameLocals": false
    },
    "sourceMap": false
},

/* locale */
{
    "outputFileName": "wwwroot/js/zh-TW.js",
    "inputFiles": [
        "wwwroot/locale/zh-TW/*.js"
    ]
},
...
```

同時在 _Layout.cshtml，我們利用以下程式碼來載入特定語系的 JavaScript 合併檔案，達到多國語的目的，其中 local 變數的內容為語系代碼，後面的 v 是用來控制前端 JavaScript cache 的問題：

```
<!-- 4.load local js -->
<script src="~/js/@(locale+min).js?v=@(_Xp.MyVer)"></script>
```

二、第三方元件

在開發 Web 系統時，我們可能會用到許多第三方顯示元件，如日期輸入欄位、多筆資料分頁元件、行事曆……等等，這一類元件的多國語使用方式不盡相同，必須配合它的規定。以日期輸入欄位為例，我們使用 Bootstrap Datepicker 元件，它處理多國語的方式是載入該語系的 bootstrap-datepicker.js 檔案。所以對於第三方元件，我們會把它們的多國語檔案統一放在 wwwroot/locale/[語系] 目錄下，如前面所說明的，系統會自動合併與載入。

另一個元件 jQuery DataTables 則有不同的方式，它用來處理多筆資料的分頁功能，它的多國語內容必須在初始化時指定 dataTables.txt 檔案的路徑，我們同樣把這個檔案放在 wwwroot/locale/[語系] 目錄下，然後在 wwwroot/js/base/Datatable.js 的 init 函數對 jQuery DataTables 元件進行初始化時，指定 dataTables.txt 的路徑，如以下程式碼，其中 _fun.locale 為使用者的語系：

```
//set locale file
language: {
    url: "/locale/" + _fun.locale + "/dataTables.txt",
},
```

三、網頁 JavaScript 程式

在 View 網頁程式中的 JavaScript 可以直接讀取多國語資源檔的內容，方法和網頁相同。但是如果是單獨的 JavaScript 檔案則不行，一個簡單的變通方法是，在網頁程式把多國語資料傳送到 JavaScript 檔案裡的變數，我們寫了一段簡單的範例程式在 HrAdm 的「9. 自訂輸入欄位」Views/CustInput/Read.cshtml，以下是這個檔案的前面部分，其中 _me 是 CustInput.js 所宣告的變數，_me.R 變數則是用來接收多國語的多個欄位資料，加上這些程式之後就會以在載入的 CustInput.js 裡面使用 _me.R 變數。

```
@inject IHtmlLocalizer<HrAdm.R0> R0
@inject IViewLocalizer R

<script src="~/js/view/CustInput.js"></script>
<script type="text/javascript">
    $(function () {
        //set js locale for test
        _me.R = {
            text: '@R["Text"]',
            crud: '@R0["Crud"]',
        };

        _me.init();
    });
</script>
```

16-4　下拉式欄位內容

下拉式欄位的來源資料是一種 Key-Value 的資料型態，欄位的顯示文字提供使用者選取資料的指引，資料庫儲存的則是對應的代碼。在實作多國語功能時，欄位的顯示文字必須能夠顯示對應的語系。在 HrAdm 系統中，我們的做法是把這些 Key-Value 資料儲存在 XpCode 資料表，它的部分內容如圖 16-7：

	Type	Value	Name_zhTW	Name_zhCN	Name_enUS	Sort	Ext	Note
1	AndOr	{A}	And	And	And	1	NULL	Flow, 括號for避開regular
2	AndOr	{O}	Or	Or	Or	2	NULL	Flow
3	AuthRange	0	無	無	None	1	1	NULL
4	AuthRange	1	個人	個人	User	2	NULL	NULL
5	AuthRange	2	部門	部門	Depart	3	NULL	NULL
6	AuthRange	9	全部	全部	All	9	NULL	NULL
7	FlowStatus	0	簽核中	簽核中	Auditing	1	NULL	Flow
8	FlowStatus	N	拒絕	拒絕	Reject	3	NULL	Flow
9	FlowStatus	Y	同意	同意	Agree	2	NULL	Flow

圖 16-7　XpCode 資料表內容

上面的 XpCode 包含三個語系的資料：繁體中文、簡體中文、英文，多國語欄位名稱分別為 Name_zhTW 、Name_zhCN、Name_enUS。另外，Type 欄位是資料種類，Value 欄位是下拉式欄位要存入資料庫的代碼內容。

為了方便讀取 XpCode 的下拉式欄位資料，我們建立了一個靜態類別 HrAdm/Services/_XpCode.cs，以下的函數會讀取 XpCode 資料表某個 Type 種類的某個語系的資料，然後傳回多筆資料做為下拉式欄位的資料來源：

```
public static async Task<List<IdStrDto>> GetAuthRangesAsync(string locale,
Db db = null)
{
    return await TypeToListAsync(locale, "AuthRange", db);
}
```

```
public static async Task<List<IdStrDto>> GetLangLevelsAsync(string locale,
Db db = null)
{
    return await TypeToListAsync(locale, "LangLevel", db);
}
public static async Task<List<IdStrDto>> GetLeaveTypesAsync(string locale,
Db db = null)
{
    return await TypeToListAsync(locale, "LeaveType", db);
}
```

16-5 日期資料

日期資料在多國語功能上有兩個地方要配合語系來呈現：第一是日期輸入
欄位，第二是日期時間的顯示。

一、日期輸入欄位

對於日期輸入欄位我們使用 Bootstrap Datepicker 元件，它的輸入欄位格
式是由 bootstrap-datepicker.js 的 format 屬性來控制，如圖 16-8 是 zh-TW
語系的檔案內容：

```
;(function($){
    $.fn.datepicker.dates['zh-TW'] = {
        days: ["星期日", "星期一", "星期二", "星期三", "星期四",
        daysShort: ["週日", "週一", "週二", "週三", "週四", "週五
        daysMin: ["日", "一", "二", "三", "四", "五", "六"],
        months: ["一月", "二月", "三月", "四月", "五月", "六月",
        monthsShort: ["1月", "2月", "3月", "4月", "5月", "6月",
        today: "今天",
        format: "yyyy/mm/dd",
        weekStart: 1,
        clear: "清除"
    };
}(jQuery));
```

圖 16-8 bootstrap-datepicker.js 的 format 屬性

要注意的是，這裡的格式設定必須配合 Bootstrap Datepicker 的語法，官網上的簡短說明如下：

format

String. Default: "mm/dd/yyyy"

The date format, combination of d, dd, D, DD, m, mm, M, MM, yy, yyyy.

- d, dd: Numeric date, no leading zero and leading zero, respectively. Eg, 5, 05.
- D, DD: Abbreviated and full weekday names, respectively. Eg, Mon, Monday.
- m, mm: Numeric month, no leading zero and leading zero, respectively. Eg, 7, 07.
- M, MM: Abbreviated and full month names, respectively. Eg, Jan, January
- yy, yyyy: 2- and 4-digit years, respectively. Eg, 12, 2012.

圖 16-9　Bootstrap Datepicker 日期格式的語法

另外，圖 16-10 是我們在 _BR.js 裡面建立的幾個與日期時間有關的屬性，用途是利用 moment.js 來轉換日期資料，這裡的日期格式語法則是配合 moment.js，與 Bootstrap Datepicker 不同；其中的 MmUiDateFmt 屬性所輸出的日期格式必須與 Bootstrap Datepicker 的 format 屬性一致，moment.js 方能正常轉換資料。

```
var _BR = {

    //=== moment.js convert these to UI format ===
    MmUiDateFmt: 'YYYY/MM/DD',              //match bootstrap-datepicker.js
    MmUiDtFmt: 'YYYY/MM/DD HH:mm:ss',   //datetime
    MmUiDt2Fmt: 'YYYY/MM/DD HH:mm',     //datetime no second
```

圖 16-10　_BR.js 日期格式設定

圖 16-11 是 HrAdm「9. 自訂輸入欄位」的編輯畫面，上下分別是 zh-TW 和 en-US 語系看到的結果：

圖 16-11　不同語系的日期輸入欄位

二、顯示日期時間

對於日期時間資料的顯示，我們建立了一個 JavaScript 公用程式 wwwroot/
js/base/_date.js，它包含以下三個函數可以作轉換格式，函數名稱中的
mm 表示會呼叫 moment.js：

- mmToUiDate：轉換成日期格式。

- mmToUiDt：轉換成日期時間格式。

- mmToUiDt2：轉換成日期時間格式，格式中不包含秒。

圖 16-12 是 HrAdm「9. 自訂欄位輸入」的列表畫面，上下分別是 zh-TW 和
en-US 語系看到的結果，畫面中的「日期」、「日期時間」欄位在不同語系
會呈現不同的格式。

文字	整數	小數	日期	日期時間	維護
test1	5	2.0	2021/02/08	2021/02/12 09:30	✏ ✕ 👁
test2	1	2.0	2021/03/01	2021/03/02 10:00	✏ ✕ 👁

每頁顯示 10 ＄ 筆, 第 1 至 2 筆, 總共 2 筆　　　|< < 1 > >|

Text	Integer	Decimal	Date	Datetime	CRUD
test1	5	2.0	Feb-8-2021	Feb-12-2021 09:30	✏ ✕ 👁
test2	1	2.0	Mar-1-2021	Mar-2-2021 10:00	✏ ✕ 👁

Show 10 ＄ entries, Showing 1 to 2 of 2 entries　　　|< < 1 > >|

圖 16-12　自訂欄位輸入作業不同語系下的列表畫面

圖 16-12 的畫面中，日期時間格式的控制由 CustInput.js 在初始化 jQuery Datatables 時所設定，其中陣列 3、4 欄位分別呼叫 _date.js 的 mmToUiDate、mmToUiDt2 函數，內容如下：

```
columnDefs: [
    { targets: [3], render: function (data, type, full, meta) {
        return _date.mmToUiDate(data);
    }},
    { targets: [4], render: function (data, type, full, meta) {
        return _date.mmToUiDt2(data);
    }},
    { targets: [5], render: function (data, type, full, meta) {
        return _crud.dtCrudFun(full.Id, full.Name, true, true, true);
    }},
],
```

資料異動記錄

一個軟體系統最重要的是它所維護的資料庫,在操作系統的過程中,我們希望可以記錄對資料庫中重要資料的任何異動,方便日後的稽核,在做法上多數是使用資料庫的 Trigger 機制,透過建立每個資料表的 Trigger 程式,來記錄異動的欄位內容。要維護這些 Trigger 檔案的成本十分可觀,在這裡我們希望讓系統自動產生這些檔案,以減少人員的維護,降低成本、提高效率。

17-1　Trigger 檔案

Trigger 是對資料庫進行異動時,先行攔截並處理的一種資料庫物件,它可以透過 SQL 程式來建立。進入 DbAdm 系統的「專案維護」作業,在圖 17-1 中點擊專案資料後面的「產生異動 Sql 檔」連結,系統即會產生並且下載這個專案所對應的資料庫的 Trigger SQL 檔案,檔案名稱為專案的資料庫名稱再加上 TranLog.sql,例如 Hr_TranLog.sql。如果在產生檔案之後資料表欄位又做了修改,只要重新再點擊「匯入 DB」連結,再重新產生這個 SQL 檔案即可:

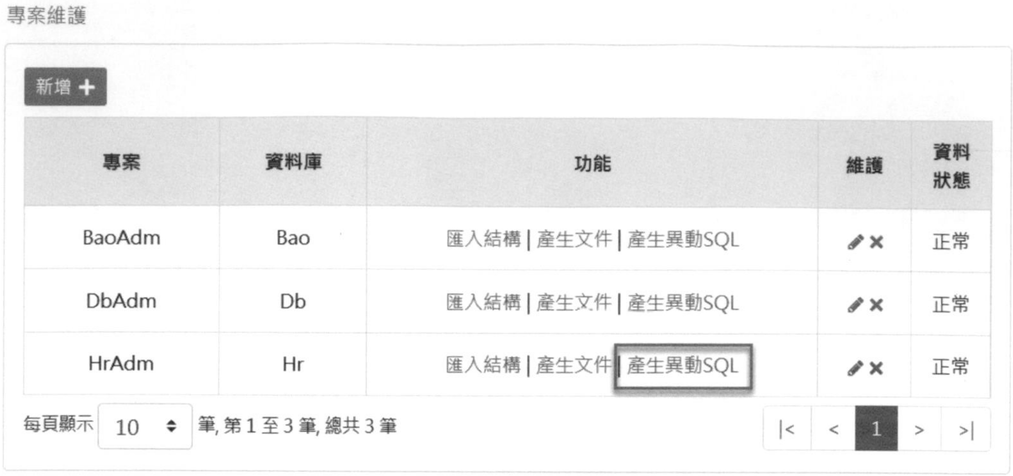

專案維護

新增 +				

專案	資料庫	功能	維護	資料狀態
BaoAdm	Bao	匯入結構 | 產生文件 | 產生異動SQL	✏ ✕	正常
DbAdm	Db	匯入結構 | 產生文件 | 產生異動SQL	✏ ✕	正常
HrAdm	Hr	匯入結構 | 產生文件 | 產生異動SQL	✏ ✕	正常

每頁顯示 10 ⏷ 筆,第 1 至 3 筆,總共 3 筆　　|< < **1** > >|

圖 17-1　專案維護作業的產生異動 Sql 檔

產生的檔案內容包含多個資料表所要建立的 Trigger 程式,所選取的資料表為 Table.TranLog 欄位等於 1 的資料,這個欄位值可以在圖 17-2 的「資料表維護」作業中設定:

資料表維護-修改

*專案	HrAdm ⏷
*資料表	Leave
*資料表名稱	假單
異動記錄	✔ 是
資料狀態	✔ 啟用

圖 17-2　資料表維護作業的異動記錄欄位

開啟 SSMS 執行這個 SQL 檔案後，系統會為每一個選取的資料表產生三個 Trigger 檔案，MSSQL Trigger 的命名規則為 tr_ 再加上資料表名稱，所以在這裡我們使用 trc_、tru_、trd_ 分別表示資料表新增、修改、刪除這三個 Trigger 檔案名稱的前置字串，如圖 17-3：

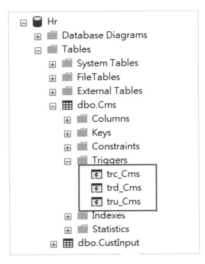

圖 17-3 自動產生的 Trigger 檔案

一、新增類型 Trigger

每新增一筆資料，系統就會寫入一筆異動資料，同時記錄資料列的 Key 值、資料表、異動種類、目前時間，以下是 Hr_TranLog.sql 檔案中 trc_Cms 的主要程式內容：

```
if object_id('trc_Cms', 'TR') is not null
    drop trigger trc_Cms;
go

create trigger trc_Cms
    on dbo.[Cms]
```

```
    after insert
as begin
    ...

    insert into dbo.XpTranLog(RowId, TableName, Act, Created) values
        (@id, @table, @act, @now);

end
go
```

二、修改類型 Trigger

修改資料時，系統會逐一比對有異動的欄位，並且排除 Creator、Created、Reviser、Revised 這四個欄位，再將異動內容寫入 XpTranLog 資料表，每一個異動欄位會寫入一筆記錄，以 tru_Cms 為例，它的主要程式內容如下：

```
if object_id('tru_Cms', 'TR') is not null
    drop trigger tru_Cms;
go

create trigger tru_Cms
    on dbo.[Cms]
    after update
as begin
    ...

    if update(Id)
        insert into dbo.XpTranLog(RowId, TableName, ColName, OldValue,
            NewValue, Act, Created) values
            (@id, @table, 'Id', (select[Id] from deleted), (select[Id] from
            inserted), @act, @now);
    if update(CmsType)
```

```
        insert into dbo.XpTranLog(RowId, TableName, ColName, OldValue,
            NewValue, Act, Created) values
            (@id, @table, 'CmsType', (select[CmsType] from deleted),
             (select[CmsType] from inserted), @act, @now);
    ...
```

三、刪除類型 Trigger

和新增的情形類似，刪除一筆資料時，系統會寫入一筆異動資料，記錄資料列的 Key 值、資料表、異動種類，及目前時間，以下是 trd_Cms 的主要程式內容：

```
if object_id('trd_Cms', 'TR') is not null
    drop trigger trd_Cms;
go

create trigger trd_Cms
    on dbo.[Cms]
    after delete
as begin

    ...

    insert into dbo.XpTranLog(RowId, TableName, Act, Created) values
        (@id, @table, @act, @now);

end
go
```

17-2 XpTranLog 資料表

Trigger 程式會將所有資料表的異動記錄統一寫入 XpTranLog 資料表，它的欄位說明如下：

- Sn：資料流水號，自動產生。

- RowId：原始異動資料表的資料主鍵值。

- TableName：異動資料表名稱。

- ColName：異動的欄位名稱。

- OldValue：異動前的欄位值。

- NewValue：異動後的欄位值。

- Act：執行動作，可為 Create、Update、Delete。

- Created：異動日期。

資料表的內容如下圖：

Sn	RowId	TableName	ColName	OldValue	NewValue	Act	Created
1	Alex	User	Name	Alex Chen	Alex Chen2	Update	2021-04-14 16:48:52.773
2	Alex	User	Name	Alex Chen2	Alex Chen3	Update	2021-04-14 16:56:33.790
3	Alex	User	Account	aa	aa3	Update	2021-04-14 16:56:33.790
4	Alex	User	Pwd	aa	aa3	Update	2021-04-14 16:56:33.790
5	Alex	User	DeptId	RD	D3	Update	2021-04-14 16:56:33.790
6	Alex	User	PhotoFile	photo.jpg	File3	Update	2021-04-14 16:56:33.790
7	Alex	User	Status	1	0	Update	2021-04-14 16:56:33.790
8	Alex	User	Name	Alex Chen3	Alex Chen5	Update	2021-04-14 17:04:39.833
9	Alex	User	Account	aa3	aa5	Update	2021-04-14 17:04:39.833
10	Alex	User	Pwd	aa3	aa5	Update	2021-04-14 17:04:39.833
11	Alex	User	DeptId	D3	D5	Update	2021-04-14 17:04:39.833

圖 17-4 XpTranLog 資料表內容

17-3　異動記錄查詢

我們在 HrAdm 系統中建立了一個「13. 異動記錄查詢」作業,利用這個功能,你可以查詢某個資料表欄位從建立到任何異動的所有歷程,操作畫面如下:

圖 17-5　異動記錄查詢作業

這個功能的相關檔案如下:

- Controller:XpTranLogController.cs

- Service:BaseWeb/Services/XpTranLogRead.cs

- View:Views/TranLog/Read.cshtml

- JavaScript:js/view/XpTranLog.js

17-4 程式解說

當使用者執行「產生異動 Sql 檔」功能時，系統最後會呼叫 Services/ GenLogSqlService.cs 中的 Run 函數，同時傳入要產生的專案 Id，它的程 式結構如圖 17-6：

```
public async Task<bool> RunAsync(string projectId)
{
    1.check input

    2.check template file

    #region 3.get column rows
    var SkipCols = new List<string>() { "Creator", "Created", "Reviser", "Revised
    var db = _Xp.GetDb();
    var query = (from c in db.Column
                 join t in db.Table on c.TableId equals t.Id
                 join p in db.Project on t.ProjectId equals p.Id
                 where t.ProjectId == projectId
                 where !SkipCols.Contains(c.Code)
                 where t.TranLog
                 select new { c, t, p }
                 );
    #endregion

    4.get table rows and group by

    #region 5.write ms stream and output sql file
    var ms = new MemoryStream();
    var writer = new StreamWriter(ms);

    //consider ident, start/end no need carrier
    var tplUpdRow = @"
if update({Col})
    insert into dbo.XpTranLog(RowId, TableName, ColName, OldValue, NewValue, Act, Cre
        (@id, @table, '{Col}', (select[{Col}] from deleted), (select[{Col}] from inse

    write stream

    //echo stream to file
    writer.Flush();
    await _Web.ExportByStream(ms, tables[0].DbName + "_TranLog.sql");
    return true;
    #endregion

lab_error:
    await _Log.ErrorAsync("GenLogSqlService.cs Run() failed: " + error);
    return false;
}
}
```

圖 17-6 產生異動 Sql 檔功能的程式結構

程式解說

(1) 檢查傳入參數。

(2) 檢查範本檔案,系統會固定讀取 _template/TranLog.sql 範本檔案,
它的內容是新增、修改、刪除這三個 Trigger 檔案的架構,後續只要
將每個資料表的欄位資料填入範本中的指定位置即可。

(3) 從來源資料庫讀取符合條件的欄位清單,其中 Creator、Created、
Reviser、Revised 這四個欄位表示資料的建立 / 修改的人員和時間,
它們沒有記錄異動的需要,我們會略過。

(4) 從步驟 3 將資料 group by,得到資料表清單。

(5) 將資料寫入 memory stream 再輸出到前端讓使用者下載。

公用程式

系統開發是一個累積公用程式的過程,你也可以稱它為模組、軟體積木。
在形式上這些公用程式可能是一個簡單的函數、一個類別,或是一個完整
的功能,其主要目的就是減少重複的工作,讓系統變得簡單、容易維護。

在建立這些公用程式時,我們有兩個簡單的規則:第一是不包含商業規則,
第二是日後的維護和擴充必須簡單。關於第二點,隨著時間的累積,這些
程式會愈來愈多,所以必須先有一個清楚的架構,日後才不會造成混亂。
這個類型的公用程式主要包括以下這兩個專案:

- Base:與 Web 無關的底層程式。
- BaseApi:與 Web API 有關的底層程式。
- BaseWeb:與 Web MVC 有關的底層程式。

除此之外,在 Web 專案中有兩個部分也是屬於公用程式,第一是 wwwroot
目錄下的某些子目錄;第二是 Web 專案裡面存取固定資料表欄位的作業,
這部分程式會包含商業規則,但因為程式具備可重用性而且相關資料表的
結構為固定,所以一併考慮。當系統需要這些功能時,只要從 HrAdm 系統
複製過來,將少部分程式做調整即可。以下就這五個部分的內容做說明。

18-1　Base 專案

Base 專案是最底層的公用程式,所有開發專案都必須參照,它包含以下三個目錄:

1. Enums:包含數字和文字兩種列舉的資料型態,檔案名稱結尾如果是 Enum 代表數字列舉型態,如果是 Estr,則為文字型態,如圖 18-1:

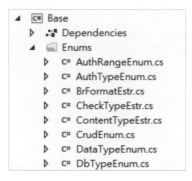

圖 18-1　Base/Enums 目錄下的兩種資料型態

2. Models:包含自行定義的資料型態,以類別的形式存在,檔案名稱後面的 Dto(Data Transfer Object)表示這是一個簡單的資料型態,在用法上類似「結構」這個資料類型,如圖 18-2:

圖 18-2　Base/Models 目錄

3. Services：這個目錄下的檔案是 Base 專案的主要內容，裡面包含三種服務類別，第一種是檔案名稱為底線開頭的靜態類別，這一類服務佔大多數，大部分是對某一種資料做處理，可以從它的檔案名稱大致知道用途。第二種是英文字母 I 開頭的 Interface，由於數目不多，所以一起放在這個目錄。第三種是其他種類的檔案，它是一般的非靜態類別。檔案的命名以所要處理的資料內容為主，簡單清楚為原則，通常是一個名詞，少部分會在名詞前面加上形容詞或是動詞，方便你從檔案名稱來判斷它的功能，以下簡單介紹這些檔案的用途：

- _Array.cs：處理陣列資料

- _Datatable.cs：處理前端 jQuery Datatables 傳送過來的資料

- _Date.cs：處理日期資料

- _Db.cs：將底下的 Db 類別的部分函數包裝成為靜態類別

- _Email.cs：寄送 SMTP 郵件

- _Excel.cs：存取 Excel 檔案

- _File.cs：處理檔案資料

- _Fun.cs：最底層的公用類別，系統啟動時先呼叫 Init 函數

- _Guid.cs：處理 GUID 資料

- _Json.cs：處理 JSON 資料

- _Linq.cs：處理 Linq 資料

- _List.cs：處理 List 資料

- _Log.cs：寫入 Log 檔案

- _LogTime.cs：記錄程式執行時間，可用來評估某一段程式的效能

- _Model.cs：處理 Model 資料

- _Num.cs：處理數字資料

- _Object.cs：處理 Object 資料

- _Sql.cs：處理 SQL 資料

- _Str.cs：處理字串資料

- _Test.cs：系統測試用途

- _Time.cs：處理時間資料

- _Valid.cs：資料驗證

- _Word.cs：存取 Word 檔案

- _Xml.cs：處理 XML 資料

- _XpProg.cs：檢查系統功能權限

- BaseUserService.cs：存取登入者基本資料

- CrudEdit.cs：CRUD 編輯功能

- CrudRead.cs：CRUD 查詢功能

- Db.cs：以 ADO.NET 存取資料庫

- ExcelExportService.cs：匯出 Excel 功能

- ExcelImportService.cs：匯入 Excel 功能

- FnDelegate.cs：Delegate 函數清單

- IBaseUserService.cs：Interface

- WordImageService.cs：處理 Word 圖檔

- WordSetService.cs：Word 套表功能

- XpEdit：所有 CRUD 編輯服務的上層類別，利用這個類別來簡化編輯服務。

18-2 BaseApi 專案

這個專案包含 Web API 系統所需要的功能，目前有以下 2 個檔案：

- ApiCtrl.cs：用途是做為 Controller 的上層類別，自動讀取 Controller 名稱，經常用在判斷使用者的執行權限。

- _Http.cs：處理 Http Request。

18-3 BaseWeb 專案

所有 Web 專案必須參照 BaseWeb 專案，它包含以下目錄：

1. Attributes：內容為 Controller 檔案上的自定 Filter，或是 Model 上的 Validation，類別名稱前面加上 Xg 用來跟其他系統的 Filter 做區別，檔案清單如下：

    - XgLoginAttribute：檢查使用者的登入狀況。
    - XgProgAuthAttribute：檢查系統功能的 CRUD 權限。
    - XgReqAttribute：檢查 Model 屬性是否為必填。
    - XgStrLenAttribute：檢查 Model 屬性的字串長度是否符合。

2. Extensions：裡面有一個 SessionExtension 類別，用途是讓 Session 可以存取 Object 型態的資料。

3. Models：內容是自訂元件的 Dto（Data Transfer Object）類別。

4. Services：BaseWeb 公用程式的主要內容，說明如後。

5. ViewComponents：自訂元件，說明如後。

Services 目錄的檔案說明如下：

- _Device.cs：判斷使用者的設備

- _GoogleAuth.cs：處理 Google 認證功能

- _Helper.cs：處理 View Component

- _Html.cs：處理 HTML 格式的資料

- _Locale.cs：處理多國語功能

- _Web.cs：最底層的 Web 公用類別

- _WebExcel.cs：存取 Excel 檔案

- _WebFile.cs：存取 Web 檔案

- _WebSafe.cs：處理 Web 資安問題

- _WebWord.cs：存取 Word 檔案

- _XpFlow.cs：簽核靜態類別，包含許多常用的類別方法，方便其他程式呼叫。

- XpFlowEdit.cs：簽核流程編輯功能

- XpFlowRead.cs：簽核流程查詢功能

- XpImportRead.cs：匯入 Excel 作業的查詢功能

ViewComponents 目錄的檔案說明如下：

- XgAddRowViewComponent.cs：新增一列按鈕

- XgCreateViewComponent.cs：新增按鈕

- XgDeleteRowViewComponent.cs：刪除一列按鈕

- XgDeleteUpDownViewComponent.cs：刪除、上移、下移按鈕

- XgExportViewComponent.cs：匯出按鈕

- XgFindTbarViewComponent.cs：查詢功能工具列

- XgLeftMenuViewComponent.cs：主畫面左側功能表

- XgOpenModalViewComponent.cs：編輯多行文字 Modal（彈出視窗）

- XgProgPathViewComponent.cs：顯示功能路徑

- XgSaveBackViewComponent.cs：儲存、回上一頁按鈕

- XgThViewComponent.cs：HTML table 表頭欄位

- XgToolViewComponent.cs：小工具，包含：訊息、警示、確認視窗。

- XiCheckViewComponent.cs：Checkbox 輸入欄位

- XiDateViewComponent.cs：日期輸入欄位

- XiDecViewComponent.cs：小數輸入欄位

- XiDtViewComponent.cs：日期時間輸入欄位

- XiFileViewComponent.cs：上傳檔案輸入欄位

- XiHideViewComponent.cs：隱藏欄位

- XiHtmlViewComponent.cs：HTML 輸入欄位，使用 Summernote 元件。

- XiIntViewComponent.cs：整數輸入欄位

- XiLinkFileViewComponent.cs：檔案連結欄位

- XiRadioViewComponent.cs：Radio 輸入欄位

- XiReadViewComponent.cs：唯讀欄位

- XiSelectViewComponent.cs：下拉式輸入欄位

- XiTextAreaViewComponent.cs：多行文字（Textarea）輸入欄位

- XiTextViewComponent.cs：文字輸入欄位

18-4　wwwroot 公用程式

前端程式無法在多個 Web 專案中共用，所以必須手動更新這些公用程式，以 HrAdm 系統為例，它包含 wwwroot 下的四個子目錄：

1. locale：內容為前後端元件的多國語資料，每一個子目錄代表一個語系，如果 Web 系統沒有多國語功能，則只要保留預設語系的目錄即可。如圖 18-3 有三個語系：

圖 18-3　wwwroot/locale 目錄的內容

語系裡面的檔案說明如下：

- _BR.js：前端共用元件

- bootstrap-datepicker.js：日期輸入欄位

- BR.json：後端顯示元件

- dataTables.txt：jQuery Datatables 元件

- summernote.js：HTML 輸入欄位，如果系統沒有使用 HTML 輸入欄位，則必須移除這個檔案，否則會造成 JavaScript 執行錯誤。

- validate.js：jQuery Validate

2. css/base：內容為 CSS 設定，部分檔案清單如圖 18-4。檔案名稱如果是底線開頭，表示是由我們自行定義的 CSS 類別；檔案名稱為字母開頭，表示修改第三方套件的 CSS 設定。另外，為了跟其他套件做區別，我們定義的 CSS 類別名稱前面會加上 x 字母：

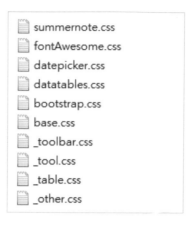

圖 18-4　css/base 目錄的內容

3. css/fonts：目錄內容是我們使用 IcoMoon 這個工具所挑選出來的許多 icon font，用在後端顯示元件上。

4. js/base：這個目錄是主要的公用程式，包含較多的內容，檔案名稱為底線開頭表示靜態類別，否則為非靜態類別，用途說明如下：

- _ajax.js：ajax 呼叫

- _array.js：處理陣列資料

- _assert.js：測試用途

- _browser.js：讀取 Browser 資訊

- _btn.js：控制按鈕

- _chart.js：處理統計圖表

- _crud.js：CRUD 操作畫面

- _date.js：處理日期資料

- _edit.js：CRUD 編輯功能

- _error.js：錯誤處理

- _file.js：處理檔案資料

- _form.js：處理表單資料

- _formData.js：處理 FormData 資料，用在上傳檔案。

- _fun.js：最底層的公用類別

- _html.js：處理 HTML 資料

- _ibase.js：所有輸入欄位的基礎類別

- _icheck.js：CheckBox 輸入欄位

- _icolor.js：顏色輸入欄位

- _idate.js：日期輸入欄位

- _idt.js：日期時間輸入欄位

- _ifile.js：上傳檔案輸入欄位

- _ihtml.js：HTML 輸入欄位

- _ilinkFile.js：檔案連結欄位

- _input.js：存取輸入欄位的資料

- _iradio.js：Radio 輸入欄位

- _iread.js：唯讀欄位

- _iselect.js：下拉式輸入欄位

- _itext.js：文字輸入欄位

- _itextarea.js：Textarea 輸入欄位

- _json.js：處理 JSON 資料

- _leftmenu.js：存取左側功能表

- _locale.js：處理多國語資料

- _log.js：Log 處理

- _modal.js：處理 Modal 畫面

- _nav.js：處理 HTML Nav 元素

- _num.js：處理數字資料

- _obj.js：處理 jQuery Object 資料

- _pjax.js：Pjax 控制功能

- _prog.js：存取系統功能

- _qrcode.js：處理 Qrcode 資料

- _str.js：處理字串資料

- _switch.js：切換畫面

- _tab.js：處理 HTML Tab 元素

- _table.js：處理 HTML Table 元素

- _tool.js：小工具，包含：訊息、警示、確認畫面。

- _valid.js：資料驗證

- _var.js：處理變數

- Datatable.js：處理 jQuery Datatables 資料

- EditMany.js：處理多筆資料編輯功能

- EditOne.js：處理單筆資料編輯功能

- Flow.js：處理簽核流程資料

18-5　Web 共用功能

這部分功能會存取固定資料表欄位，在每個 Web 專案的程式內容大部分相同，只需要從 HrAdm 系統複製過來即可，這些功能的名稱以 Xp 開頭，如圖 18-5：

```
▷ ✓ C#  XpCmsController.cs
▷ ✓ C#  XpEasyRptController.cs
▷ ✓ C#  XpFlowController.cs
▷ ✓ C#  XpFlowSignController.cs
▷ ✓ C#  XpImportController.cs
▷ ✓ C#  XpProgController.cs
▷ ✓ C#  XpRoleController.cs
▷ ✓ C#  XpTranLogController.cs
```

圖 18-5　Web 共用功能的 Controller 清單

1. XpCms：參考「第 13 章　CMS 功能」，它的用途是建立 CMS 維護功能，程式包括四個部分：第一是 XpCmsController，它是所有 CMS 功能的上層類別，使用 Models/CmsEditDto 來控制 CMS 功能的欄位清單；第二是 Services/XpCmsRead.cs、XpCmsEdit.cs 兩個服務程式，程式內所存取的資料表欄位必須按照實際的資料庫做調整；第三是操作畫面 Views/XpCms/Read.cshtml；第四是 wwwroot/js/view/XpCms.js 檔案。當你要實作自己的 CMS 功能時，只需要建立 Controller 繼承 XpCmsController 再設定相關的屬性即可，例如 CmsMsgController。

2. XpEasyRpt：參考「第 15 章　簡單報表」，它的用途維護簡單報表功能，程式包括四個部分：第一是 XpEasyRptController；第二是 BaseWeb/Services/XpEasyRptRead.cs、XpEasyRptEdit.cs 兩個服務程式；第三是操作畫面 Views/XpEasyRpt/Read.cshtml；第四是 wwwroot/js/view/XpEasyRpt.js 檔案。實作這個功能時除了建立 XpEasyRpt 資料表之外，需要將 Controller、View 和 JavaScript 三個檔案複製到你的 Web 專案。

3. XpFlow：參考「第 12 章 簽核流程功能」，它的用途是維護簽核流程資料，程式包括四個部分：第一是 XpFlowController；第二是 BaseWeb/Services/XpFlowRead.cs、XpFlowEdit.cs 兩個服務程式；第三是操作畫面 Views/XpFlow/Read.cshtml；第四是 wwwroot/js/view/XpFlow.js 檔案。實作這個功能時除了建立資料表 XpFlow、XpFlowLine、XpFlowNode 和載入第三方 jsPlumb JavaScript 套件之外，需要將 Controller、View 和 JavaScript 三個檔案複製到你的 Web 專案。

4. XpFlowSign：用途是查詢簽核資料，程式包括三個部分：第一是 XpFlowSignController；第二是 Services/XpFlowSignRead.cs、XpFlowSignEdit.cs 兩個服務程式，這部分由於使用多國語功能，無法移到共用的 BaseWeb 專案；第三是操作畫面 Views/XpFlowSign/Read.cshtml。實作這個功能時除了建立資料表 XpFlowSign 之外，需要將 Controller、View 和 Service 檔案複製到你的 Web 專案。

5. XpImport：參考「第 11 章 從 Excel 匯入」，程式包括三個部分：第一是 XpImportController，它是所有匯入功能的上層類別；第二是 BaseWeb/Services/XpImportRead.cs 服務程式；第三是操作畫面 Views/XpImport/Read.cshtml。當你要實作自己的匯入功能時，需要建立 Controller 繼承 XpImportController 並且設定相關的屬性以及建立匯入範本 Excel 檔案，同時要撰寫匯入資料的邏輯，參考 UserImportController。

6. XpProg：用途是維護系統功能，程式包括四個部分：第一是 XpProgController；第二是 BaseWeb/Services/XpProgRead.cs、XpProgEdit.cs 兩個服務程式；第三是操作畫面 Views/ XpProg/Read.cshtml；第四是 wwwroot/js/view/XpProg.js 檔案。實作這個功能時需要將 Controller、View 和 JavaScript 三個檔案複製到你的 Web 專案。

7. XpRole：用途是維護角色資料，程式包括四個部分：第一是 XpRoleController；第二是 BaseWeb/Services/XpRoleRead.cs、XpRoleEdit.cs 兩個服務程式；第三是操作畫面 Views/ XpRole/Read.cshtml；第四是 wwwroot/js/view/XpRole.js 檔案。實作這個功能時需要將 Controller、View 和 JavaScript 三個檔案複製到你的 Web 專案。

8. XpTranLog：用途是查詢資料庫異動記錄，程式包括四個部分：第一是 XpTranLogController；第二是 BaseWeb/Services/XpTranLogRead.cs 服務程式；第三是操作畫面 Views/XpTranLog/Read.cshtml，第四是 wwwroot/js/view/XpTranLog.js 檔案。實作這個功能需要將 Controller、View 和 JavaScript 檔案複製到你的 Web 專案。

Log 與例外處理

ASPNET Core 內建的 Log 功能預設會將訊息輸出至 Console 上面,你可以安裝其他套件好讓系統把訊息寫入文字檔。在考慮到實用性之後,我們決定自行處理 Log 功能,而不使用 ASP.NET Code 內建的機制。

19-1　Log 公用程式

Base/Services/_Log.cs 是一個靜態類別用來寫入 Log 文字檔案,系統中的任何程式可以直接呼叫,不需要安裝任何的套件。它會將訊息寫入目前系統的 _log 目錄下的文字檔案,檔案名稱為目前日期加上檔案種類,目前有四種檔案,分別為 debug、error、info 和 sql,這個目錄下的部分檔案清單如圖 19-1:

2021-04-02-sql.txt
2021-04-01-sql.txt
2021-04-01-error.txt
2021-03-31-sql.txt
2021-03-29-sql.txt
2021-03-28-sql.txt
2021-03-27-sql.txt
2021-03-27-error.txt

圖 19-1　_log 目錄的內容

每一則 Log 訊息的格式固定為：時間 + 括號內的寫入失敗次數 + 訊息內容，其中寫入失敗次數高表示同時間的系統操作者人數多，如圖 19-2 框線內的文字是它的內容：

```
11:07:28(0);
select u.Id as UserId, u.Name as UserName, u.Pwd,
    u.DeptId, d.Name as DeptName
from dbo.[User] u
join dbo.Dept d on u.DeptId=d.Id
where u.Account=@Account
(nn)
11:07:28(0);
select distinct
    p.Code as Id, (cast(max(p.AuthRow) as char(1)) + cast((case
    max(p.FunRead)=0 then 0 when max(p.AuthRow)=1 then max(rp.
    max(p.AuthRow)=1 then max(rp.FunUpdate) else 1 end) as cha
    else 1 end) as char(1)) + cast((case when max(p.FunPrint)=
    max(p.FunExport)=0 then 0 when max(p.AuthRow)=1 then max(r
    0 end) as char(1)) + cast((case when max(p.FunOther)=0 the
from XpRoleProg rp
join XpUserRole ur on rp.RoleId=ur.RoleId
join XpProg p on rp.ProgId=p.Id
```

圖 19-2 Log 訊息的格式與內容

_Log.cs 檔案包含以下的公用函數：

```
public static async Task DebugAsync(string msg) {
    if (_Fun.Config.LogDebug)
        await LogFileAsync(GetFilePath("debug"), msg);
}

public static async Task ErrorAsync(string msg, bool emailRoot = true) {
    await LogFileAsync(GetFilePath("error"), msg);

    //send root
    if (emailRoot)
        await _Email.SendRootAsync(msg);
}

public static async Task InfoAsync(string msg) {
    await LogFileAsync(GetFilePath("info"), msg);
}
```

```
public static async Task SqlAsync(string msg) {
    if (_Fun.Config.LogSql)
        await LogFileAsync(GetFilePath("sql"), msg);
}
```

程式解說

- DebugAsync 函數：寫入 debug 檔案，系統組態檔（appsettings.json）的 FunConfig.LogDebug 等於 true 時才會執行。

- ErrorAsync 函數：寫入 error 檔案，系統發生錯誤時執行，同時會把錯誤內容郵寄給管理者信箱。

- InfoAsync 函數：寫入 info 檔案，通常用來追蹤某個問題，或是記錄某個程式的執行過程。

- SqlAsync 函數：寫入 sql 檔案，在 FunConfig.LogSql 等於 true 時執行，比較多的呼叫是在 Base/Services/Db.cs，這個類別的功能是使用 ADO.NET 來存取資料庫，你可以透過檢查 SQL 的內容來確保系統的正確性。

系統在多個地方呼叫這些共用函數來寫入 Log 資料，其中 Error Log 代表系統發生錯誤必須馬上檢查，SQL Log 可以檢查存取資料庫的正確性；你可以按照實際的需要，在自己撰寫的程式中呼叫這些函數。

19-2　例外處理

例外處理是指系統發生錯誤或是異常時的處理方式，這個處理方式因人而異，沒有一定的標準。在這裡我們希望可以歸納成為簡單的原則，做為系統開發的依據。

軟體系統的程式可以簡單分成兩個種類：第一是與商業規則無關的程式，這部分內容大多數可以變成模組化程式給其他專案共用，即是這裡的

Base、BaseWeb 這兩個專案；第二種則是與商業規則有關的程式，像是 DbAdm、HrAdm 專案中大部分的內容。

對於第一種程式我們的例外處理原則是寫入 Error Log，然後傳回反向的結果。例如在正常情形下應該傳回多筆資料的函數，例外發生時則傳回空集合；正常情形下應該傳回 true，例外發生時則讓它傳回 false，這樣的原則會細化到每一個公用函數，主要的目的是記錄錯誤訊息，同時不中斷程式的執行。

第二種程式的例外處理方式則是在前端顯示錯誤訊息。當你在 Visual Studio 建立一個新的 Web 專案時，系統在 Startup.cs 的 Configure 函數預設會建立一個例外處理的機制，內容如下面的程式碼，它的做法是在開發模式下呼叫 app.UseDeveloperExceptionPage()，當系統中的任何程式發生例外而且你沒有攔截處理時，會傳回頁面同時顯示完整的錯誤訊息；如果不是開發模式，則導到 /Home/Error Action：

```
if (env.IsDevelopment())
{
    app.UseDeveloperExceptionPage();
}
else
{
    app.UseExceptionHandler("/Home/Error");
}
```

這表示你只要建立 /Home/Error Action 和一個簡單的 View 來顯示錯誤訊息，一個簡單的例外處理機制就完成了。Error Action 的內容如下，它會將例外的錯誤訊息傳入 Error.cshtml：

```
public ActionResult Error()
{
    var error = HttpContext.Features.Get<IExceptionHandlerFeature>();
    return View("Error", (error == null)
            ? _Fun.SystemError : error.Error.Message);
}
```

錯誤頁面 Views/Home/Error.cshtml 檔案的內容如下，它將 Layout 全域變數設定為 null，然後以紅色文字顯示錯誤訊息：

```
@model string
@{ Layout = null; }

<div style="padding:10px; color:red;">
    @Model
</div>
```

另外，由於使用 jQuery Pjax 來處理 SPA 功能，在初始化 Pjax 的公用程式 wwwroot/js/base/_pjax.js 的 init 函數中，必須針對後端程式出現 Exception 的情形加以處理，以如下 pjax:error 的部分，它讓程式可以正常顯示錯誤頁面內容，如果沒有這一段程式碼，則畫面不會顯示任何異常，且會令使用者感到困惑：

```
init: function (boxFt) {
    //if skip 'POST', it will trigger twice !!
    var docu = $(document);
    docu.pjax('[data-pjax]', boxFt, { type: 'POST' });

    //when backend exception
    docu.on('pjax:error', function (event, xhr, textStatus, errorThrown, opts) {
            opts.success(xhr.responseText, textStatus, xhr);
            return false;
    });
```

針對上面的情形，我們使用 HrAdm 的「9. 自訂輸入欄位」來做測試，CustInputController.cs 的 Read Actoin 會傳回查詢畫面，我們在當中加入一行 _Fun.Except()，讓它產生例外，如下：

```
public ActionResult Read()
{
    //for testing exception
    _Fun.Except();

    //for edit view
```

```
    ViewBag.Radios = _XpCode.GetRadios();
    ViewBag.Selects = _XpCode.GetSelects();
    return View();
}
```

當你登入 HrAdm 然後點擊左側功能表的「9. 自訂輸入欄位」作業時，會在右邊畫面顯示 Error.cshtml 的內容，如圖 19-3：

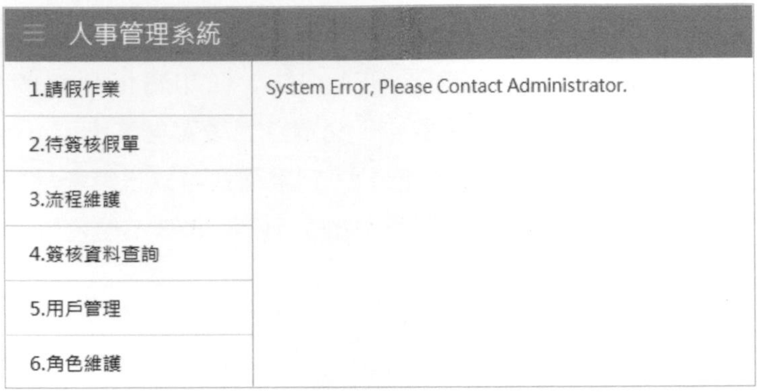

圖 19-3　Pjax 顯示例外畫面

其中，_Fun.Except 函數的用途是丟出例外，同時接受一個傳入字串參數，參數內容為錯誤訊息，如果空白則使用系統預設的文字內容，程式如下：

```
public static void Except(string error = "")
{
    throw new Exception(_Str.EmptyToValue(error, SystemError));
}
```

上面所提到的例外處理機制適用在前端程式要求傳回一個頁面內容的時候，針對 Controller Action 幾種常見的五種回傳資料型態，例外的處理方式說明如下：

一、View（ActionResult）

本小節一開始的說明即是對 View 這種型態的例外處理方式。

二、JsonResult

這裡先介紹 wwwroot/js/base/_ajax.js 公用程式,它的用途是透過 Ajax 的方式來呼叫後端程式並且傳回執行結果,主要包含以下幾個公用函數:

- getJson:後端傳回 JsonResult 或是 ContentResult。
- getStr:後端傳回字串,字串前面如果是 0 冒號(例如 0:)表示錯誤,冒號後面為錯誤訊息。
- getView:後端傳回 Partial View 的 HTML 內容字串。

前端程式利用 _ajax.getJson 函數,後端固定傳回 ResultDto 類別的資料,其內容會記錄某個 Action 的執行結果;以「9. 自訂輸入欄位」為例,刪除一筆資料的 Delete Action 內容如下:

```
[HttpPost]
public async Task<JsonResult> Delete(string key)
{
    //testing for error case
    //return Json(_Model.GetError());

    return Json(await EditService().DeleteAsync(key));
}
```

使用 Ajax 方式呼叫後端時,無法套用前面提到的 Error.cshtml 例外處理機制,在這裡我們的做法是攔截例外,再將錯誤訊息寫入 ResultDto 的 ErrorMsg 屬性,最後在前端以 MessageBox 的方式顯示訊息內容。測試的方式是移除上面的 _Model.GetError() 前面的註解,然後在列表畫面刪除一筆資料,系統就會顯示彈出式訊息,如圖 19-4:

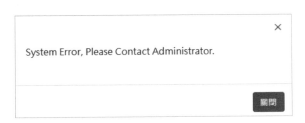

圖 19-4 Ajax 顯示例外訊息框

三、ContentResult

ContentResult 主要用來讀取資料庫多筆記錄，它回傳的資料型態為 JObject，例外的處理方式與上面的 JsonResult 類似，以「9. 自訂輸入欄位」的讀取分頁資料 GetPage Action 為例，它的程式內容如下，如果你移除 _Josn.GetError() 前面的註解，系統就會顯示和 JsonResult 一樣的錯誤訊息：

```
[HttpPost]
public async Task<ContentResult> GetPage(DtDto dt)
{
    //testing error case
    //return JsonToCnt(_Json.GetError());

    return JsonToCnt(await new CustInputRead().GetPageAsync(Ctrl, dt));
}
```

四、String

前端程式利用 _ajax.getStr 函數，後端傳回字串型態的執行結果，例外發生時可以呼叫 _Str.GetError 函數，系統會在回傳內容前面加上 0 冒號（例如 0:）表示錯誤，前端程式再攔截這個前置字串，然後顯示錯誤訊息 MessageBox，如同前面的 JsonResult 和 ContentResult。

五、檔案下載

包含兩種情形，第一種是 Action 傳回 FileContent，以「9. 自訂輸入欄位」為例，當你進入某一筆資料的編輯畫面，點擊 XiFile 欄位裡面的圖檔連結時，系統即會執行 CustInputController.cs 的 ViewFile Action，程式內容如下：

```
public async Task<FileResult> ViewFile(string table, string fid, string key,
string ext)
{
    //for testing exception
    //_Fun.Except();
```

```
    return await _Xp.ViewCustInputAsync(fid, key, ext);
}
```

如果檔案內容是圖檔，則會以彈出式畫面顯示內容，如圖 19-5：

cat3.jpg　　　　　　　　　　　　　　　　　　　　關閉

圖 19-5　彈出式畫面顯示圖檔內容

如果圖檔不存在時，則顯示一張空白圖案示意圖，如圖 19-6：

cat3.jpg　　　　　　　關閉

圖 19-6　圖檔不存在時顯示空白示意圖

如果檔案內容不是圖檔，則會讓使用者下載檔案，例外發生時顯示 Error.cshtml 的內容，你可以自行把 ViewFile Action 裡面 _Fun.Except() 前面的註解移除，然後執行並測試。

第二種是經過運算後下載檔案，例如 HrAdm 的「8. 用戶經歷維護」列表畫面的「產生履歷檔」功能，在正常的情形下系統會讀取資料庫，再輸出 Word 檔案，UserExtController.cs 的 GenWord Action 的內容如下：

```
//generate word resume
public async Task GenWord(string id)
{
    //for testing exception
    //_Fun.Except();

    await new UserExtService().GenWordAsync(id);
}
```

如果你把 _Fun.Except() 前面的註解移除讓它產生例外，則執行時系統會顯示 Error.cshtml 的內容，畫面如圖 19-7，因為不是從左側功能表啟動此功能，所以沒有 SPA 功能，而且訊息會佔滿整個網頁：

圖 19-7　下載檔案失敗時的訊息畫面

MantisBT 擴充系統

網路上有許多功能不錯的免費軟體系統,多數是存取 MySQL 資料庫,這樣的系統只要加以擴充,對於個人或是公司都會有很大的幫助,而擴充的成本也很低。在這裡我們希望用相同的程式來存取 MantisBT 的資料庫。

20-1　安裝 MantisBT

MantisBT 系統的全名為 Mantis Bug Tracker,它的用途是在系統開發的過程中記錄問題與追蹤處理進度,有很好的穩定性,安裝步驟簡單說明如下:

1. 下載並且安裝 Windows XAMPP,它是一個安裝程式,包含 Apache、PHP 和 MySQL 軟體。安裝完成後執行它的控制程式如圖 20-1,分別點擊畫面上 Apache 和 MySQL 的 Start 按鈕,看看是否能正常啟動這兩個軟體。常見的問題是 80 port 被佔用,你可以把 80 port 釋放出來或是修改 Apache 所使用的 port。

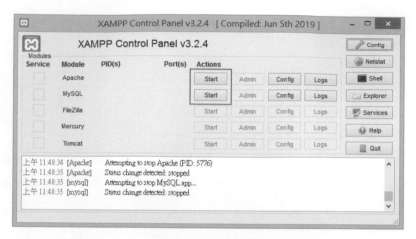

圖 20-1　XAMPP 控制台

2. 下載 MantisBT，解壓縮後將目錄改名 mantis 放置在 XAMPP 安裝目
   錄的 htdocs 子目錄下面，它的內容是 PHP 原始碼，開啟瀏覽器在網
   址列輸入：http://localhost/mantis，因為還沒有安裝，所以系統會導
   到安裝畫面如圖 20-2，預設管理者帳密為 administrator / root；點擊
   畫面最下方的安裝按鈕，系統即會建立資料庫，名稱為 bugtracker。

Installation Options

Type of Database	MySQL (default)
Hostname (for Database Server)	localhost
Username (for Database)	root
Password (for Database)	
Database name (for Database)	bugtracker
Admin Username (to create Database if required)	
Admin Password (to create Database if required)	
Print SQL Queries instead of Writing to the Database	☐
Attempt Installation	Install/Upgrade Database

圖 20-2　MantisBT 安裝畫面

安裝完成後可以順利進入 MantisBT 系統，如圖 20-3，在畫面中我們已經建立了幾筆 Bug 資料：

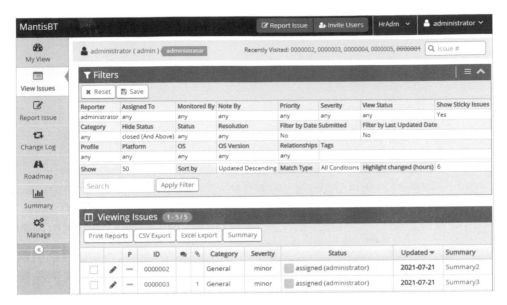

圖 20-3　MantisBT 主畫面

另外 MantisBT 許多地方用到了寄送郵件的功能，所以在這裡也一併設定 SMTP 功能。編輯 MantisBT 所在目錄的 config/config_inc.php 檔案，加入後面的程式碼如以下 smtp config 的部分，並且填入正確的 username 和 password，這裡使用 Gmail 信箱做為 SMTP 帳號，當你在操作 MantisBT 時，系統就可以正確寄送郵件給相關人員：

```php
<?php
$g_hostname             = 'localhost';
$g_db_type              = 'mysqli';
$g_database_name        = 'bugtracker';
$g_db_username          = 'root';
$g_db_password          = '';

$g_default_timezone     = 'Europe/Berlin';
$g_crypto_master_salt   = 'xRvckRv+yKM0AOvs2E6/VgpBmvh929yj06iL3JatSpQ=';
```

```
//smtp config
$g_phpMailer_method = PHPMAILER_METHOD_SMTP ;
$g_smtp_host = 'smtp.gmail.com';
$g_smtp_username = 'xxx@gmail.com';
$g_smtp_password = 'xxx';
$g_smtp_connection_mode = 'ssl';
$g_smtp_port = 465;
```

20-2 資料表

在 XAMPP 畫面點擊 MySQL 的 Admin 按鈕即可進入 MySQL 資料庫的管理介面，bugtracker 是 MantisBT 系統存取的資料庫，它的部分內容如圖 20-4：

圖 20-4 MantisBT 資料表

它包含 32 個資料表，主要以 Bug 資料表為主，結構十分單純，資料表清單如下，其中最下方的 xp_code 是我們自行建立的資料表，用來儲存下拉式欄位所需要的 Key-Value 資料，資料表後面說明文字如果有括號，表示無法在 MantisBT 操作畫面建立資料內容，只能從欄位結構判斷它的用途。

- mantis_api_token_table：（API 連線資料）

- mantis_bugnote_table：Bug 活動說明欄位

- mantis_bugnote_text_table：Bug 活動說明欄位內容

- mantis_bug_file_table：Bug 附檔

- mantis_bug_history_table：Bug 資料的異動記錄

- mantis_bug_monitor_table：使用者追蹤 Bug

- mantis_bug_relationship_table：Bug 之間的關聯

- mantis_bug_revision_table：Bug 說明欄位異動記錄

- mantis_bug_table：Bug 記錄

- mantis_bug_tag_table：Bug Tag 對應資料

- mantis_bug_text_table：Bug 說明欄位內容

- mantis_category_table：專案類別與使用者對應資料

- mantis_config_table：（系統組態）

- mantis_custom_field_project_table：自訂欄位與專案的對應資料

- mantis_custom_field_string_table：（自訂欄位字串表格）

- mantis_custom_field_table：自訂欄位

- mantis_email_table：（寄送郵件）

- mantis_filters_table：Bug 查詢條件設定

- mantis_news_table：（發佈訊息）

- mantis_plugin_table：系統使用的套件

- mantis_project_file_table：（專案附檔）

- mantis_project_hierarchy_table：專案之間的主從關聯

- mantis_project_table：專案資料

- mantis_project_user_list_table：（使用者與專案的權限對應資料）

- mantis_project_version_table：（專案版本）
- mantis_sponsorship_table：（贊助資料）
- mantis_tag_table：自訂 Tag 資料
- mantis_tokens_table：使用者連線資料
- mantis_user_pref_table：使用者操作環境喜好設定
- mantis_user_print_pref_table：使用者列印設定
- mantis_user_profile_table：使用者基本資料設定
- mantis_user_table：使用者資料
- xp_code：自建 Key-Value 資料表

20-3　建立 MantisBT 開發環境

接下來我們需要在 Visual Studio 建立一個 Web 專案，用來存取 MantisBT 的資料庫，專案名稱為 Mantis，你可以到 GitHub 下載這個專案，網址為 https:// github.com/bruce68tw/Mantis。建置的步驟參考「第 6 章　開發環境設定」，專案內容如圖 20-5，其中載入了 MySql.Data 套件用來存取 MySQL 資料庫，同時參照 BaseWeb 專案：

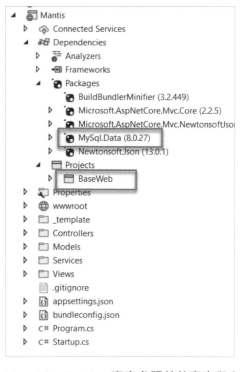

圖 20-5　Mantis Web 專案參照其他專案與套件

以下就 Mantis 專案在設定時要注意的地方做說明：

1. appsettings.json 連結 MySQL 資料庫，如以下 Db 欄位內容：

```
"FunConfig": {
  "SystemName": "Mantis Extension",
  "Db": "server=localhost;uid=root;pwd=;database=bugtracker;",
  "Locale": "en-US",
  "LogSql": "true",
  "LogDebug": "true",
  /* Smtp: 0(Host),1(Port),2(Ssl),3(Id),4(Pwd),5(FromEmail),
6(FromName) */
  "Smtp": ""
}
```

2. Startup.cs ConfigureServices 函數裡面註冊 MySql 類別用來存取 MantisBT 資料庫，如下：

```
//5.ado.net for mySql
services.AddTransient<DbConnection, MySqlConnection>();
services.AddTransient<DbCommand, MySqlCommand>();
```

3. Startup.cs Configure 函數呼叫 _Fun.Init 函數時傳入的第三個參數為 MySql，如下：

```
//initial & set locale
_Fun.Init(env.IsDevelopment(), app.ApplicationServices, DbTypeEnum.
MySql);
```

4. 建立 Services/_XpCode.cs 讀取 MantisBT xp_code 資料表做為下拉式欄位的資料來源，如以下函數：

```
//get code table rows
public static async Task<List<IdStrDto>> TypeToListAsync(string
type, Db db = null)
{
    var sql = $@"
```

```
select
value as Id, name as Str
from xp_code
where type='{type}'
order by sort";
        return await SqlToListAsync(sql, db);
    }
```

20-4 Bug 查詢作業

完成以上的設定之後，我們在 Mantis 專案建立了一個「Bug Query」功能，
用來查詢 MantisBT 的問題與發行版本的關係，同時可以匯出 Excel 檔案。
它的列表畫面如圖 20-6，執行時會讀取我們在 MantisBT 所建立的資料：

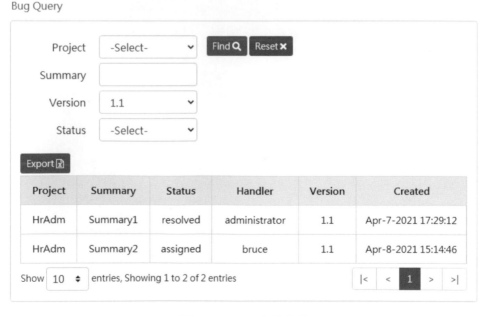

圖 20-6 Bug 查詢作業

實作功能包含以下檔案：

- BugController.cs

- Services/BugRead.cs

- Views/Bug/Read.cshtml

- wwwroot/js/base/Bug.js

上面的每個檔案都僅包含少量的程式碼，內容為一般的 CRUD 功能，寫法上與存取 MSSQL 資料庫的功能類似，以下是查詢功能 BugRead.cs 讀取資料庫的內容：

```
private ReadDto dto = new ReadDto()
{
    ReadSql = @"
select
    p.name as projectName,
    b.summary,
    c.name as statusName,
    u.username as userName,
    b.os_build,
    b.date_submitted as created
from mantis_bug_table b
join mantis_project_table p on p.id=b.project_id
left join mantis_user_table u on b.handler_id=u.id
join xp_code c on c.type='status' and b.status=c.value
order by b.id
",
```

另外，MantisBT mantis_bug_table 資料表的建檔時間欄位的內容為 TimeStamp，在查詢結果的「Created」欄位必須呼叫 _date.tsToUiDt 函數來轉換成西元日期時間格式，Bug.js 部分程式內容如下：

```
init: function () {
    //datatable config
    var config = {
        columns: [
            { data: 'projectName' },
            { data: 'summary' },
            { data: 'statusName' },
            { data: 'userName' },
            { data: 'os_build' },
            { data: 'created' },
        ],
        columnDefs: [
            _crud.dtColDef,
                { targets: [5], render: function (data, type, full, meta) {
                return _date.tsToUiDt(data);
            }},
        ],
    };
```

用 ASP.NET Core 打造軟體積木和應用系統

作　　者：陳明山 / 江通儒
企劃編輯：蔡彤孟
文字編輯：江雅鈴
設計裝幀：張寶莉
發 行 人：廖文良

發 行 所：碁峰資訊股份有限公司
地　　址：台北市南港區三重路 66 號 7 樓之 6
電　　話：(02)2788-2408
傳　　真：(02)8192-4433
網　　站：www.gotop.com.tw
書　　號：ACL062800
版　　次：2021 年 12 月初版
建議售價：NT$400

國家圖書館出版品預行編目資料

用 ASP.NET Core 打造軟體積木和應用系統 / 陳明山, 江通儒
　　著. -- 初版. -- 臺北市：碁峰資訊, 2021.12
　　　面；　公分
　　ISBN 978-986-502-988-3(平裝)
　　1.電腦程式設計　2.軟體研發
312.2　　　　　　　　　　　　　　　　　　　　　110016925

讀者服務

- 感謝您購買碁峰圖書，如果您對本書的內容或表達上有不清楚的地方或其他建議，請至碁峰網站：「聯絡我們」\「圖書問題」留下您所購買之書籍及問題。(請註明購買書籍之書號及書名，以及問題頁數，以便能儘快為您處理)
http://www.gotop.com.tw

- 售後服務僅限書籍本身內容，若是軟、硬體問題，請您直接與軟體廠商聯絡。

- 若於購買書籍後發現有破損、缺頁、裝訂錯誤之問題，請直接將書寄回更換，並註明您的姓名、連絡電話及地址，將有專人與您連絡補寄商品。